essentials

Essentials liefern aktuelles Wissen in konzentrierter Form. Die Essenz dessen, worauf es als „State-of-the-Art" in der gegenwärtigen Fachdiskussion oder in der Praxis ankommt. *Essentials* informieren schnell, unkompliziert und verständlich

- als Einführung in ein aktuelles Thema aus Ihrem Fachgebiet
- als Einstieg in ein für Sie noch unbekanntes Themenfeld
- als Einblick, um zum Thema mitreden zu können

Die Bücher in elektronischer und gedruckter Form bringen das Fachwissen von Springerautor*innen kompakt zur Darstellung. Sie sind besonders für die Nutzung als eBook auf Tablet-PCs, eBook-Readern und Smartphones geeignet. *Essentials* sind Wissensbausteine aus den Wirtschafts-, Sozial- und Geisteswissenschaften, aus Technik und Naturwissenschaften sowie aus Medizin, Psychologie und Gesundheitsberufen. Von renommierten Autor*innen aller Springer-Verlagsmarken.

Günter Müller-Czygan

Wirksam Innovationen umsetzen: Die SOWIESO-Strategie

Praxistransfer und Veränderung braucht das Bestehende

Springer Vieweg

Günter Müller-Czygan
inwa
Hochschule Hof
Hof, Deutschland

Bundesministerium für Bildung und Forschung Dieses Werk wurde gefördert durch Bundesministerium für Bildung und Forschung.
ISSN 2197-6708 ISSN 2197-6716 (electronic)
essentials
ISBN 978-3-658-52921-5 ISBN 978-3-658-52922-2 (eBook)
https://doi.org/10.1007/978-3-658-52922-2

Die Deutsche Nationalbibliothek verzeichnet diese Publikation in der Deutschen Nationalbibliografie; detaillierte bibliografische Daten sind im Internet über https://portal.dnb.de abrufbar.

Springer Vieweg ist ein Imprint der eingetragenen Gesellschaft Springer Fachmedien Wiesbaden GmbH und ist ein Teil von Springer Nature.
Die Anschrift der Gesellschaft ist: Abraham-Lincoln-Str. 46, 65189 Wiesbaden, Germany

Was Sie in diesem *essential* finden können

- Einen Überblick, warum Innovationen trotz hoher Relevanz zu selten in die Umsetzung gelangen
- Eine Einführung in Ursprung, Kern und Nutzen der SOWIESO-Strategie
- Die Rolle der Hofer Mehrebenenanalyse bei Anwendung der SOWIESO-Strategie
- Praxisbeispiele aus Wasserwirtschaft, Bildung und Schwammstadtplanung
- Einen zehnstufigen Leitfaden zur praktischen Anwendung der Strategie

Vorwort

Innovationen und die mit ihnen verbundenen Veränderungen sind notwendig, um aktuelle und zukünftige Herausforderungen in verschiedenen Bereichen von Staat, Gesellschaft und Wirtschaft lösen zu können. Das ist gut vergleichbar mit den Herausforderungen des privaten Lebens, die sich ohne die jeweils notwendigen Veränderungen ebenfalls nur selten zufriedenstellend bewältigen lassen. Auf der anderen Seite lösen Neuerungen und Veränderungen bei vielen Menschen Ängste aus, sowohl im privaten wie im öffentlichen Leben. Lieber möchte man das Bestehende belassen, selbst wenn offensichtlich ist, dass dies nicht der beste Weg ist. Krisen wie der Klimawandel, der demografische Wandel, Pandemien, Finanzkrisen oder Kriege verstärken dieses Bedürfnis nach Bestandswahrung und der damit erhofften Sicherheit zusätzlich. In betroffenen Organisationen verursachen aktuelle Krisen Arbeit und Kosten zusätzlich zu den alltäglichen Sowieso-Aufgaben. Neues muss meist erstmal warten oder wird ganz gestrichen. Wie folgenreich dieses Aufschieben ist, zeigt sich gerade dort, wo Menschen unmittelbar mit und von technischer Infrastruktur leben:, in Städten ebenso wie in ländlichen Räumen. Mal sichtbar (z. B. Häuser, Straßen, Energiekraftwerke) und mal unsichtbar (z. B. Abwasser- und Trinkwassereinrichtungen, Stromleitungen). Der Klimawandel und insbesondere die zunehmenden Wetterextremereignisse sind eine Gefahr für genau diese Einrichtungen. Gleichzeitig erhoffen sich viele Menschen von Erfindungen und neuen technischen Entwicklungen wirksame Lösungen für den Schutz vor den Gefahren des Klimawandels.

Dadurch entsteht eine Ambivalenz aus Angst vor dem Neuen und der gleichzeitigen Hoffnung, dass eben dieses Neue die beängstigenden Folgen der Zukunft löst. Das gilt für Menschen im Privaten ebenso wie in einer verantwortlichen professionellen Rolle für und mit technischen Infrastrukturen. Wie stark sich diese Ambivalenz im konkreten Fall auswirkt und wie sehr sie Entscheidungen verzögert oder sogar Projekte scheitern lässt, hängt im Wesentlichen von der individuellen Perspektive der einzelnen Person ab. Je nachdem, wie heftig eine Innovation positiv oder negativ beteiligte Menschen betrifft, entsteht eine ezugehörige positive oder negative Haltung gegenüber dieser Innovation. Diese Haltung ist nicht immer offensichtlich und wird von den Personen häufig nicht einmal bewusst wahrgenommen. Befinden sich Personen im Arbeitsalltag zudem in einer Stress- und damit Überforderungssituation, kann dies die Haltung massiv und meist negativ beeinflussen, was spätere Entscheidungen z. B. für oder wider einer Innovation entscheidend mitprägt.

Technische Vorhaben mit Innovationscharakter berücksichtigen psychologische Phänomene und Effekte dieser Art bislang viel zu wenig. Zugehörige Diskussionen und Argumente beschränken sich überwiegend auf technische sowie wirtschaftliche und politische Aspekte, während persönliche Befindlichkeiten und Bedürfnisse meist unausgesprochen bleiben. So bahnen sich unbeachtete Befindlichkeiten und Bedürfnisse einen anderen Weg, etwa über versteckte Gegenargumente, ein passiv-reaktives Abwehrverhalten oder in Überforderung. Werden Befindlichkeiten und Bedürfnisse als fester Teil eines „Anforderungskatalogs Innovation" von Anfang an mitbeachtet und auch der bisherige Aktionsraum (Arbeitsalltag) angemessen berücksichtigt bzw. der Innovation angepasst, steigt die Chance auf eine erfolgreiche Umsetzung der gewünschten Innovationen und Veränderungen deutlich. Mit der SOWIESO-Strategie wird in diesem Buch ein dazu passender Lösungsansatz vorgestellt, der Mensch, Innovation und Aktionsraum optimal miteinander verbindet und viele der bislang unberücksichtigten nicht-technischen Veränderungshemmnisse von Beginn an einbezieht.

Münster
Juni 2026

Günter Müller-Czygan

Competing Interests Der/die Autor*in hat keine relevanten Interessenskonflikte im Zusammenhang mit dieser Publikation.

Inhaltsverzeichnis

Einleitung 1

Obwohl Industrie und Gesellschaft vor enormen Herausforderungen stehen, bleiben viele gute Ideen und Innovationsansätze in Schubladen und Ablageordner stecken. Studien an der Hochschule Hof unter der Leitung des Autors haben beispielsweise für den Bereich der kommunalen Wasserwirtschaft herausgefunden, dass nur circa 10 % an innovativen Ideen, Lösungsansätzen, Produktentwicklungen oder Konzepten im Bereich der Digitalisierung der deutschsprachigen Wasserwirtschaft den Weg aus den Entwicklungsabteilungen der Unternehmen und Wissenschaftseinrichtungen in die kommunale Umsetzung finden (Müller-Czygan et al. 2022a). Dabei stellte sich heraus, dass die Gründe hierfür nur circa 20 % technischer Art waren, z. B. Digitalisierungstechnik oder Softwarearchitektur. 80 % der Gründe waren durch nicht technische Aspekte verursacht wie zum Beispiel mangelnde Kompetenzen in den Teams (sowohl in der Führung als auch im Teampersonal) oder fehlende Rückendeckung durch die Organisationsleitung. Besonders zwei nicht-technische Aspekte stachen in den geführten Umfragen und Interviews hervor. Dies waren ein unzureichend kommunizierter bzw. geklärter Mehrwert und eine mangelnde Integration von Innovationen in den Arbeitsalltag. Egal wie gut eine Innovation auch passte, es waren fast immer diese beiden nicht technischen Aspekte, die bei genauerem Hinsehen den ausschlaggebenden Grund dafür gaben, warum ein Projekt abgelehnt wurde oder erst gar nicht begann.

Diese beiden Haupthindernisse waren bereits die Erkenntnis des Fördervorhabens KOMMUNAL 4.0, gefördert durch das Bundeswirtschaftsministerium in den Jahren 2016 bis 2019, welches Industrie 4.0 – Applikationen auf die deutsche kommunale Wasserwirtschaft übertrug (Müller-Czygan 2021a). Allerdings fehlte hier der empirische Nachweis, dass es sich nicht nur um ein projektbezogenes Einzelphänomen handelte, sondern eher um eine dem menschlichen Charakter innewohnende Schutzeigenschaft, welche nahezu in allen Innovationsumgebungen

G. Müller-Czygan, *Wirksam Innovationen umsetzen: Die SOWIESO-Strategie*, essentials,
https://doi.org/10.1007/978-3-658-52922-2_1

sichtbar wird. Im Rahmen von KOMMUNAL 4.0 wurde als Gegenmaßnahme die in diesem Buch im Zentrum stehende SOWIESO-Strategie entwickelt, um dem menschlichen Abwehrverhalten durch nicht-technische Aspekte bei der Einführung von Innovationen etwas entgegenzusetzen (Müller-Czygan et al. 2022b). Hintergrund war die Erkenntnis, dass je komplexer eine Innovation sich darstellte, desto größer war die Schwierigkeit, diese in den Alltag zu integrieren. Mit der SOWIESO-Strategie wurde der Versuch gestartet, Innovationen in kleinere Häppchen zu zerlegen, und diese in sowieso laufende oder geplante Projekte zu integrieren. Dieser augenscheinlich einfache Schritt war viel schwieriger als erwartet, führte aber dennoch dazu, dass das zu scheitern drohende millionenschwere Forschungsprojekt KOMMUNAL 4.0 am Ende doch ein voller Erfolg wurde (Müller-Czygan 2021b).

Angeregt durch Untersuchungsergebnisse zum Querschnittsthema „Praxistransfer im Förderprogramm „Wasser-Extremereignisse" (WaX) des BMFTR (Bundesministerium für Forschung, Technologie und Raumfahrt), in dem fach- und sektorübergreifend neue Ansätze zum Management wasserbezogener Naturgefahren wie Starkregen, Hochwasser und Dürre im Mittelpunkt standen (BMFTR 2026), wurde die Wirksamkeit der SOWIESO-Strategie erneut betrachtet und seine verschiedenen Anwendungsmöglichkeiten bewertet. Die Ergebnisse sind in diesem Buch zusammengefasst. Der Autor selbst war Konsortialleiter des WaX-Projektes InSchuKa4.0 (Kombinierter Infrastruktur- und Umwelt-Schutz durch KI-basierte Kanalnetzbewirtschaftung, Abschn. 3.4.2). Dieses Vorhaben war ein typisches SOWIESO-Projekt, an dem sich Idee und Struktur einer SOWIESO-Strategie gut aufzeigen lassen. Da wesentliche Erkenntnisse aus dem WaX-Förderprogramm dieses Werk prägen, wurde es aus dem WaX-Programm finanziert, um es als OpenAccess-Publikation zur Verfügung stellen zu können.

Eine frühzeitige Beachtung von individuellen Bedürfnissen bei Innovationsentwicklungen auf Nutzerseite so wie die Prüfung einer nutzergerechten Alltagsintegration berücksichtigt ein ganz wichtiges menschliches Bedürfnis, und zwar eine ausreichende Anerkennung vergangener Leistungen. Viele Innovationsideen zielen darauf ab, irgendwann bestehende Prozesse und Lösungen zu ersetzen.

Aus logischer Perspektive erscheint das in vielen Fällen als äußerst sinnvoll, aber das widerspricht vielfach den inneren Wünschen und Gefühlen der Personen, die diese Prozesse und Lösungen oft über Jahrzehnte aufgebaut, aufrechterhalten und weiterentwickelt haben. Werden diese Arbeitsprozesse abgelöst (egal ob kurz-, mittel- oder langfristig), haben viele damit betraute Menschen das Gefühl, all das Geschaffene sei nichts mehr wert. Das ist besonders dann der Fall, wenn deren langjährige Erfahrung in den neuen Prozessen unberücksichtigt bleibt. So verwundert es nicht, dass in diesen Fällen der Praxistransfer guter Innovationsideen äußerst schwierig wird oder sogar komplett scheitert. Genau hier setzt die SOWIESO-Strategie an. Sie sucht in sowieso geplanten oder in Realisierung befindlichen Projekten einen Anknüpfungspunkt an bestehende Arbeitsprozesse und Erfahrungen auf Nutzerseite für eine neue Innovation, ohne die vorhandenen Arbeitsprozesse direkt abzulösen. Mit dieser Strategie gelingt es, das Bewährte zu bewahren und gleichzeitig Neues zu integrieren. Ohne diese SOWIESO-Projekte haben komplexe Innovationsideen insbesondere in einem Umfeld mit hohen Konsensbedürfnis kaum eine Chance auf Realisierung. Erfolgreicher Praxistransfer besonders von komplexen und umfangreichen Innovationen muss aus der individuellen Bedürfnisperspektive der Nutzerseite mitgedacht werden. Im Idealfall wird die Neuentwicklung von Beginn an als Teil bestehender Arbeitsprozesse (SOWIESO-Projekt) angesehen. Wie der Prozess einer SOWIESO-Strategie funktioniert, beginnend von der Identifikation von SOWIESO-Potentialen bis hin zur erfolgreichen Umsetzung, davon handelt dieses Buch.

Literatur

BMFTR (2026). WaX – Wasser-Extremereignisse. https://www.bmbf-wax.de/, abgerufen am 06.06.2026.

Müller-Czygan, G. (2021a). Industrie 4.0 in der Wasserwirtschaft. In P. Dortans (Hrsg.), *Innovation Race – Wegweisende Prinzipien für das Management von FuE-Projekten* (S. 160–177). Murmann.

Müller-Czygan, G. (2021b). HELIP® and "Anyway Strategy" – Two Human-Centred Methods for Successful Digitalization in the Water Industry, Annals of social science & management studies, Juniper Jounals, 05. 12. 2021, https://doi.org/10.19080/ASM.2021.06.555700

Müller-Czygan, G., Tarasyuk, V., Wagner, C., & Wimmer, M. (2022a). Die deutschsprachige Wasserwirtschaft im Jahr 2020/21–Metastudie „WaterExe4. 0" zeigt Erfolgsfaktoren und Erwartungen für die digitale Zukunft auf. Österreichische Wasser- und Abfallwirtschaft, 74(5), 241–250.

Müller-Czygan, G.; Tarasyuk, V., Wagner, C. und Wimmer, M. (2022b). WaterExe4.0 – Nachhaltigkeit und SOWIESO-Strategie als Schlüsselfaktoren für erfolgreiche Digitalisierungsprojekte. KA Korrespondenz Abwasser, Abfall – 2022 (69) Nr. 4, 295–302. https://doi.org/10.3242/kae2022.04.005

Warum Innovationen (immer noch) zu weit vom Arbeitsalltag entfernt sind

2

2.1 Wenn Innovationen die Zielgruppe überfordern – der Fall KOMMUNAL 4.0

Das vom BMWK (Bundesministerium für Wirtschaft und Klimaschutz) im Rahmen des Förderprogramms Smart Service Welt I von 2016–2019 geförderte Projekt KOMMUNAL 4.0 war das erste „holistische" Vorhaben der deutschen Wasserwirtschaft zum Thema Digitalisierung (Müller-Czygan, 2020c). Das mit insgesamt rd. 3 Mio. € geförderte Projekt wurde von drei wissenschaftlichen Einrichtungen und drei Unternehmen durchgeführt. Das übergeordnete Ziel des Projektes war die Entwicklung einer zentralen webbasierten Daten- und Serviceplattform für die Wasserwirtschaft, die mithilfe intelligenter Algorithmen Daten analysiert und auf deren Ergebnis eine optimierte, automatisierte und ganzheitliche Erfassung und teilweise Steuerung von Kanalnetz, Regenbecken und Kläranlagen ermöglicht werden sollte (Müller-Czygan 2020a). Das Vorhaben sollte ein Pendant zur parallel stattfindenden Industrie 4.0-Entwicklung (Huber 2018) auf kommuner Seite werden. Während der Laufzeit von KOMMUNAL 4.0 und insbesondere zum Ende des Vorhabens befand sich die Wasserwirtschaft in Bezug auf eine Industrie 4.0-analoge Digitalisierung erst in einer Orientierungs- und Informationsphase (Müller-Czygan 2018). Umsetzungsprojekte nahmen zwar vereinzelt zu, beschränkten sich aber zumeist auf lokal oder technisch begrenzte Lösungen mit gradueller Änderung zum (alten) Stand der Technik. Holistische Ansätze wie in Industrie 4.0 propagiert waren zu dieser Zeit in keiner wissenschaftlichen bzw. unternehmerischen Entwicklungslinie oder auf Nutzerseite zu erkennen. Die Grundidee von KOMMUNAL 4.0, die Entwicklung einer zentralen, abteilungs- und kommunenübergreifenden Daten- und Serviceplattform, wurde von verschiedenen Gruppen des Marktes als wichtiges und effizientes Dateninstrument (Datenplattform) für eine

G. Müller-Czygan, *Wirksam Innovationen umsetzen: Die SOWIESO-Strategie*, essentials,
https://doi.org/10.1007/978-3-658-52922-2_2

aussagekräftige Datenstrukturierung und -analyse angesehen, aber niemand traute sich wirklich, diese auch zu realisieren (Müller-Czygan 2020b). Eine bis heute vorhandene heterogene Datenlandschaft und das Silodenken in vielen IT-Abteilungen verhinderte damals wie heute die Einführung einer zentralen Daten- und Serviceplattform. Allerdings waren ähnliche Vorbehalte auch in Bezug auf Industrie 4.0 zu beobachten (Lerch et al. 2024). Trotz vorliegender fachtechnischer und organisatorischer Vorteile zentraler Lösungen waren und sind es auch heute oftmals persönlich motivierte Gründe wie Angst vor Veränderung oder Macht-/Statuserhalt, die eine Realisierung zentraler und komplexer Lösungen erschweren (Müller-Czygan 2020b; Müller-Czygan et al. 2022).

Durch die zunehmenden kritischen Diskussionen in Bezug auf eine zentrale Lösung mussten die KOMMUNAL 4.0-Beteiligten feststellen, dass die geplante komplexe Daten- und Serviceplattform keine Akzeptanz fand. Was aber auf ein zunehmendes Interesse stieß, waren die vorgestellten Einzelfunktionen und Tools der zentralen Plattform. Diese standen bei der Bewertung der Nutzenvorteile für potenzielle Anwendende weit vorne, speziell damals die noch nicht übliche Dashboardfunktionen sowie die Integration datenbasierter Webseiten in die Bildschirmoberfläche dezentraler Softwarelösungen (z. B. Wetterportale oder Open Data Angebote von Bundes- und Landesbehörden). Bereits während des laufenden Projektes wurden Einzelanfragen an die Konsortialführung herangetragen, ob man beispielsweise die Dashboardfunktion als eigene Software kaufen kann. Dieses für die KOMMUNAL 4.0-Beteiligten überraschende Feedback führte dazu, den Wünschen nach Einzellösungen als Teil etablierter Softwarelösungen wie SCADA- und Betriebsführungslösungen stärker nachzugehen. Dieses Feedback wurde vom Autor in seiner damaligen Funktion als Leiter des Forschungskonsortiums weiter ausgearbeitet und als Ergebnis entstand das Grundkonzept der SOWIESO-Strategie (Müller-Czygan 2021a, 2021b). Letztendlich haben die Kunden nichts anderes ausgedrückt, als dass sie kleine Neuerungen in einer bekannten und bestehenden Umgebung akzeptieren und sogar begrüßen würden.

2.2 Innovationstransfer scheitert nicht an Technologien – Der Fall „Digitalisierung der Wasserwirtschaft"

Aufbauend auf den Ergebnissen in KOMMUNAL 4.0 (Abschn. 2.1) führte der Autor nach seinem Wechsel an die Hochschule Hof zwischen 2020 und 2022 mit den Vorhaben WaterExe4.0 und DigiNaX die ersten Metastudien zur Digitalisierung in der deutschsprachigen Wasserwirtschaft durch (Müller-Czygan et al. 2022). Die

Ergebnisse dieser Studien zeigten, dass der Innovationstransfer bei Digitalisierungsvorhaben in der deutschsprachigen Wasserwirtschaft weniger an fehlenden technischen Lösungen scheiterte als an deren unzureichender Übertragung in kommunale Anwendungskontexte. Die mehr als 1000 betrachteten Projekte, Produkte, Dienstleistungen und Studien belegten eine hohe technologische Vielfalt. Gleichzeitig blieb die tatsächliche Umsetzung im kommunalen Umfeld begrenzt. Damit wurde ein deutliches Transferproblem zwischen Forschung, Industrie und kommunaler Praxis sichtbar. Dieses Problem war nicht primär ein Technologieproblem, sondern ein Integrations-, Bewertungs- und Akzeptanzproblem.

Ein zentrales Ergebnis der Untersuchungen war die identifizierte Diskrepanz zwischen Angebot und Nachfrage. Die industrielle und wissenschaftliche Entwicklung digitaler Lösungen war im Untersuchungszeitraum der kommunalen Anwendungspraxis vielfach voraus. Allerdings wurden viele Lösungen technisch so entwickelt, ohne die Passfähigkeit zur lokalen Aufgabenstellung, zu vorhandenen Datenbeständen, zu den Kompetenzen des Personals und zu bestehenden Arbeitsprozessen ausreichend zu betrachten. Besonders bedeutsam ist der Aspekt der fehlenden Arbeitsalltagsintegration, einer der beiden in den Metastudien identifizierten Hauptablehnungsgründe (neben der fehlenden Sichtbarkeit des individuellen Mehrwerts einer Digitalisierungslösung). In vielen Digitalisierungsprojekten wird nach wie vor die technische Leistungsfähigkeit einer Lösung stärker betrachtet als die Frage, wie diese Lösung wirksam in den realen Arbeitsalltag von Betriebspersonal, Verwaltung, Ingenieurpersonal und Entscheidungsträgern eingebunden werden kann. Bleibt dies aus, wird Digitalisierung nicht als Entlastung, sondern als zusätzliche (belastende) Aufgabe wahrgenommen, insbesondere wenn sie parallel zu den bestehenden Arbeitsprozessen eingeführt werden muss, und keine direkte Vereinfachung oder Verbesserung erzeugt. Damit konnte die fehlende Arbeitsalltagsintegration als ein Kernhindernis des Innovationstransfers identifiziert werden. Zudem wurde beobachtet, dass Digitalisierung oftmals nicht das einzige Veränderungsvorhaben in kommunalen Organisationen ist. Wiederholt und überlagert sich z. B. eine mangelnde Arbeitsalltagsintegration bei Veränderungen über mehrere Vorhaben hinweg, kann sie sich zur sogenannten Veränderungsmüdigkeit (Change Fatigue) verdichten. Diese beschreibt psychische und emotionale Erschöpfung durch kumulierte Veränderungslasten und ist vom Change-Zynismus abzugrenzen (Linnenborn und Borchert 2025; McMillan und Perron 2013; Ouedraogo und Ouakouak 2021). Studien zeigen, dass betroffene Mitarbeitende künftige Veränderungen als schwerer bewältigbar einschätzen und durch sinkende Arbeitszufriedenheit sowie geringeres Commitment Leistungseinbußen entstehen können (Cox et al. 2022; Franke-Jordan et al. 2025). Da Change Fatigue vor allem mit der Häufigkeit, Intensität und Belastung geplanter Veränderungen zunimmt und nur begrenzt durch Kommunikation, Partizipation oder Führung abgemildert wird, können die kleinen, anschlussfähigen Schritte der SOWIESO-Strategie ihr Anwachsen verlangsamen (de Vries und de Vries 2023).

Die Untersuchungen in WaterExe4.0 und DigiNaX machten deutlich, dass der praktische Nutzen einer digitalen Lösung für jeden einzelnen Anwendenden als individueller Mehrwert frühzeitig und konkret sichtbar werden muss. Allgemeine Versprechen wie Effizienzsteigerung, Transparenz oder bessere Datenlage reichen nicht aus. Entscheidend ist, ob durch den Mehrwert einer Lösung der konkrete Arbeitsalltag erleichtert wird, Fehler reduziert und Entscheidungen verbessert werden oder Zeit gespart wird (Müller-Czygan et al. 2022). Für die Arbeitsalltagsintegration ist außerdem zu beachten, dass digitale Lösungen im Regelfall bestehende Gewohnheiten verändern können. Anwendende müssen sich von vertrauten analogen oder teil-digitalen Arbeitsroutinen lösen, bevor sie neue digitale Workflows selbstverständlich nutzen können. Diese Veränderung kann jedoch zum Zeitpunkt der Beschaffung noch nicht vollständig bewertet werden. Dadurch entsteht ein Dilemma.

Die Investitionsentscheidung wird oft getroffen, bevor klar ist, ob im späteren Betrieb ausreichend Akzeptanz entsteht. Projektentscheidungen beruhen deshalb nicht ausschließlich auf objektiven Fakten, sondern auch auf subjektiven Einschätzungen, Erfahrung, Vertrauen, Intuition, sozialem Erwartungsdruck und Risikowahrnehmung (Prader et al. 2019; Renn und Fuhrer 1995; Rosling 2017). Damit wird verständlich, warum Organisationen trotz vorhandener Digitalisierungslösungen zurückhaltend bleiben. Die zentrale Herausforderung besteht nicht darin, immer mehr digitale Werkzeuge zu entwickeln, sondern diejenigen Lösungen zu identifizieren, die zur lokalen Situation passen, einen konkret nachweisbaren und von allen Beteiligten einheitlich verstandenen Mehrwert bieten, personell beherrschbar sind und in den Arbeitsalltag integriert werden können. Eine erfolgreiche Digitalisierung in kommunalen Infrastrukturen muss deshalb den Menschen, seine Aufgaben, seine Routinen, seine Kompetenzen und seine Belastungsgrenzen in den Mittelpunkt stellen.

2.3 Wo steht Innovationstransfer heute? Erkenntnisse aus dem Förderprogramm WaX

Die zuvor beschriebenen Herausforderungen und Hürden bei Innovationsvorhaben am Beispiel einer digitalen Wasserwirtschaft verstärken sich noch einmal vor dem Hintergrund des Klimawandels und der damit verbundenen Zunahme an Wetterextremereignissen. Der Handlungsdruck als Folge von Wasserextremereignissen ist für kommunale Organisationen, die für öffentliche Infrastrukturen verantwortlich sind, hoch. Nach Schätzungen des Gesamtverbands der Deutschen Versicherer entstanden durch Starkregen- und Hochwasserereignisse allein im ersten Halbjahr 2024 versicherte Schäden von rund 2,4 Mrd. Euro, und die Dürrejahre 2018 bis 2020 verursachten in der Landwirtschaft Schäden von 1,58 bis 1,83 Mrd. Euro. Alleine die Ahrtal-Katastrophe im Jahr 2021 verursachte Schäden von mehr als 30 Mrd. Euro (BMI 2022). Diesem offensichtlichen Druck steht eine zögerliche Umsetzung gegenüber, selbst bei Vorhaben wie dem Ahrtal-Wiederaufbau (Becker und Quelle 2024). Wissen und Möglichkeiten aus der Forschung sind umfangreich vorhanden, ihre Anwendung bleibt aber dahinter zurück. Dieser Befund deckt sich mit dem in Abschn. 2.1 und 2.2 beschriebenen Muster und wirft die Frage auf, woran der Transfer in die Praxis konkret scheitert.

Eine belastbare empirische Grundlage hierfür lieferte die BMFTR-Fördermaßnahme „Wasserextreme in Deutschland" (WaX), in der über drei Jahre zwölf Forschungsvorhaben mit insgesamt 81 Partnerorganisationen aus Wissenschaft und Praxis interdisziplinäre Ansätze gegen Starkregen, Sturzfluten, Hochwasser und Dürre entwickelten. Der Autor begleitete in WaX neben seiner Rolle als Konsortialführer des Projektes InSchuKa4.0 (Abschn. 3.4.2) das Querschnittsthema Praxistransfer. Im Rahmen einer begleitenden Studie (Thieken et al. 2026) wurden sieben Forschende, 19 Praxispartner und drei potenzielle Anwendende in leitfadengestützten Interviews befragt sowie eine Online-Umfrage unter potenziellen Anwendenden durchgeführt. Die Aussagen wurden induktiv mehreren Kategorien zugeordnet, unter anderem Produktgestaltung, Zusammenarbeit, Transferstrategie, Kommunikation, Vernetzung und Rahmenbedingungen. Die Ergebnisse zeichnen ein klares Bild der Defizite, die einem erfolgreichen Innovationstransfer entgegenstehen:

- Transfer als isolierte Schlussphase: Transferchancen entstehen über den gesamten Projektverlauf, von der Antragstellung bis zur Verstetigung. Wird Transfer erst am Projektende adressiert, ist der Spielraum bereits verbraucht.
- Fehlende Definition und Erfolgskriterien: Weder Fördergeber noch Verbünde legten fest, was Praxistransfer bedeutet und woran sein Erfolg zu messen ist. Ohne gemeinsames Verständnis bleibt er ein unscharfes Ziel.
- Mangelnde Übertragbarkeit: Lösungen werden auf einzelne Anwendende zugeschnitten, während heterogene Datenlagen, Systeme und Arbeitsweisen der Kommunen die Übernahme andernorts erschweren. Die Ursache ist weniger ein Qualitätsproblem als die Anpassung an den Einzelfal; und modulare Architekturen werden kaum genutzt.

- Praxisferne Anträge: Vielfach ohne Beteiligung der Praxispartner gestellt, sind Anträge zu ambitioniert oder nicht umsetzbar. Dies erzeugt eine Diskrepanz zwischen geplanten und erreichbaren Leistungen.
- Hemmende Rahmenbedingungen: Projektlaufzeiten von rund drei Jahren stehen Planungszyklen der Wasserwirtschaft von bis zu zehn Jahren gegenüber. Fachkräftemangelbedingte Startverzögerungen verkürzen die Transferphase und Mittel für Pilotanlagen und Anschlussfinanzierungen fehlen.
- Daten- und Digitalisierungsdefizite: Datenverfügbarkeit und -bereitschaft zeigen sich oft erst im Projektverlauf; bei kritischer Infrastruktur kommt die Datensensibilität hinzu.
- Spannungsfeld der Akteure: Die explorative Forschungslogik trifft auf die effizienzorientierte Praxis. Hinzu kommen Publikationsdruck und die für KMU notwendige wirtschaftliche Perspektive, die den Forschungsspielraum einengen.
- Zurückhaltung trotz erkanntem Nutzen: 84 % der Befragten hielten mindestens ein Werkzeug für anwendbar, aber nur rund ein Drittel einen Einsatz binnen drei Jahren für wahrscheinlich. Gründe: hoher Übertragungsaufwand, lange Umsetzungszeiten, eigener zu geringer Kenntnisstand, unsichere Handhabbarkeit sowie Kosten- und Beschaffungshürden.
- Fehlende Sichtbarkeit nach Projektende: Ohne dauerhaft finanzierte Plattformen sind Ergebnisse für neue Anwendende kaum auffindbar, sodass selbst übertragbare Lösungen ungenutzt bleiben.

Aus diesen Defiziten lässt sich die zentrale Erkenntnis ableiten, dass Innovationstransfer nur selten an der Technologie selbst scheitert, sondern an der Distanz zwischen einer Innovation und dem Arbeitsalltag der Anwendenden sowie an strukturellen Rahmenbedingungen. Besonders deutlich wird dies an der Lücke zwischen grundsätzlich anerkannter Anwendbarkeit und tatsächlich erwarteter Anwendung. Der Nutzen wird gesehen, die Umsetzung unterbleibt. Isoliert geführte Leuchtturmprojekte, die abseits des laufenden Betriebs entstehen, reproduzieren genau diese Distanz und tragen daher kaum zu einer flächendeckenden Anwendung bei. Die Ergebnisse aus dem WaX-Programm bestätigen die Erfahrungen in KOMMUNAL 4.0 (Abschn. 2.1) sowie die Resultate der Metastudie zur Digitalisierung der deutschsprachigen Wasserwirtschaft gemäß Abschn. 2.2 in vollem Umfang. Wirksamer Innovationstransfer setzt voraus, dass eine Neuerung möglichst nah am bestehenden Arbeitsalltag und am vorhandenen Wissen ansetzt, in überschaubaren Schritten erlernbar bleibt und in bereits laufende Vorhaben eingebunden wird. Genau hier setzt die in Kap. 3 beschriebene SOWIESO-Strategie an.

Literatur

Becker, M. & Quelle, G. (2024). Und dann fällt der Strom aus … Erkenntnisse für Bürgermeister und Landräte aus der Flutkatastrophe im Ahrtal. Ingelheim am Rhein: Mentoren-Media-Verlag

BMI. (2022). Bericht zur Hochwasserkatastrophe 2021: Katastrophenhilfe, Wiederaufbau und Evaluierungsprozess. Bundesministerium des Inneren und für Heimat und Bundesministerium der Finanzen. Quelle: https://www.bmi.bund.de/SharedDocs/downloads/DE/veroeffentlichungen/2022/abschlussbericht-hochwasserkatastrophe.pdf?__blob=publicationFile&v=1, abgerufen am 08.06.2026

Cox, C. B., Gallegos, E., Pool, G. J., Gilley, K. M., & Haight, N. (2022). Mapping the nomological network of change fatigue: Identifying predictors, mediators and consequences. Journal of Organizational Change Management, 35(4-5), 718–733.

Franke-Jordan, S., Berger, S. & Heilfort, J. (2025). Change Fatigue am Arbeitsplatz: Untersuchung des Zusammenhangs von Change Fatigue mit demografischen und betrieblichen Faktoren. In: Arbeit 5.0: Menschzentrierte Innovationen für die Zukunft der Arbeit. Bericht zum 71. Arbeitswissenschaftlichen Kongress vom 25. – 27. März 2025.

Huber, W. (2018). *Industrie 4.0 Kompakt-Wie Technologien Unsere Wirtschaft und Unsere Unternehmen Verändern.* Wiesbaden: Springer Fachmedien Wiesbaden.

Lerch, C., Jäger, A., & Horvat, D. (2024) *(r) Evolution 4.0: Auf den Spuren des rückläufigen I4. 0-Fortschritts. Erste Analysen aus dem ISI-Industriepanel* (No. 82). Modernisierung der Produktion: Mitteilungen aus der ISI-Erhebung.

Müller-Czygan, G. (2018). Die digitale Wasserwirtschaft ist in einer fortgeschrittenen Orientierungsphase. *wwt Modernisierungsreport 2017/2018.*

Müller-Czygan, G. (2020a). *Schlussbericht (Gesamtvorhaben) KOMMUNAL 4.0.* HST Systemtechnik GmbH & Co. KG.

Müller-Czygan, G. (2020b). *Schlussbericht Teilvorhaben HST Systemtechnik KOMMUNAL 4.0.* HST Systemtechnik GmbH & Co. KG.

Müller-Czygan, G. (2020c). Smart Water: How to master the future challenges of water management. In *Resources of Water*. IntechOpen.

Müller-Czygan, G. (2021a). Industrie 4.0 in der Wasserwirtschaft. In P. Dortans, Innovation Race - Wegweisende Prinzipien für das Management von FuE-Projekten (S. 160–177). Hamburg: Murmann.

Müller-Czygan, G. (2021b). HELIP® and "Anyway Strategy" – Two Human-Centred Methods for Successful Digitalization in the Water Industry, Annals of social science & management studies, Juniper Jounals, 05. 12. 2021, DOI: https://doi.org/10.19080/ASM.2021.06.555700

Müller-Czygan, G., Tarasyuk, V., Wagner, C., & Wimmer, M. (2022). Die deutschsprachige Wasserwirtschaft im Jahr 2020/21: Metastudie „WaterExe4.0" zeigt Erfolgsfaktoren und Erwartungen für die digitale Zukunft auf. *Österreichische Wasser- und Abfallwirtschaft, 74*(5), 241–250.

Prader, E., Andelfinger, U., & Rüedi, A. (2019). Entscheidungen mit Verstand und Intuition. In *Projekte spielend zum Erfolg führen*. Springer.

Renn, O., & Fuhrer, U. (1995). Individual and social perception of risk. In *Ökologisches Handeln als sozialer Prozess* (S. 27–50). Birkhäuser.

Rosling, H. (2017). *Factfulness: Wie wir lernen, die Welt so zu sehen, wie sie wirklich ist.* Ullstein.

Thieken, A., Samakovlis, A., & Müller-Czygan, G. (2026). Von der Forschung in die Anwendung: Hürden und Erfolgsfaktoren im Praxistransfer von zwölf Projekten zu Wasserextremen. *Hydrologie & Wasserbewirtschaftung*, *70*(4).

3 Die SOWIESO-Strategie – Innovationen im Arbeitsalltag verankern

Wie bereits im Vorwort dargestellt, ist die SOWIESO-Strategie vor rund 10 Jahren vom Autor entwickelt worden. Eine ausführliche Darstellung der Entstehung und Entwicklung enthält die Dissertation des Autors (Müller-Czygan 2026), hieraus wurden die nachfolgenden zusammenfassenden Beschreibungen entnommen.

3.1 Ursprung der SOWIESO-Strategie

Die Projekte KOMMUNAL 4.0, WaterExe 4.0 und DigiNaX haben gezeigt, dass die wesentlichen Hürden bei der Umsetzung von Digitalisierungs- und anderen komplexen Vorhaben in kommunalen Infrastrukturen nicht im technischen, sondern im nicht-technischen Bereich liegen, Hierbei spielt die aktuelle Arbeitssituation der Anwendenden vor und während des Vorhabens die entscheidende Rolle. Um das ausgeprägte Ablehnungsverhalten kommunaler Akteure gegenüber (digitalen) Innovationen zu überwinden, wurde, wie zuvor gezeigt, im Rahmen von KOMMUNAL 4.0 die SOWIESO-Strategie entwickelt. Sie stützt sich neben den Projektbeobachtungen auch auf Erkenntnisse der Lernforschung, wonach ein hoher Lerntransfer dann gelingt, wenn neue Inhalte möglichst eng an den bestehenden Arbeitsalltag und vorhandenes Wissen anknüpfen (Haider et al. 2023). Empirische Untersuchungen (Müller-Czygan 2018) und Literaturbefunde (z. B. Ismail et al. 2015; Lazarová & Gažová 2017) belegen, dass klassische Weiterbildung Mitarbeitende nicht ausreichend befähigt, schnelle Veränderungen in dynamischen Umgebungen zu bewältigen. Ein Befund, der den von Dohm

G. Müller-Czygan, *Wirksam Innovationen umsetzen: Die SOWIESO-Strategie*, essentials,
https://doi.org/10.1007/978-3-658-52922-2_3

(2018) geforderten Bruch mit der herkömmlichen Seminarkultur zugunsten selbstorganisierten Lernens stützt und durch das Aufkommen von LLM-Modellen um neue Herausforderungen und Chancen ergänzt wird (Georgy 2025). Wirksame Weiterbildungskonzepte müssen daher sowohl technische Aspekte als auch erforderliche Veränderungsprozesse berücksichtigen, da die Bewältigung von Innovationen maßgeblich durch Mechanismen der Organisationsebene (Kirchner 2017) und die psychische Verfassung des Einzelnen (Druyen 2018; Duttenhöfer 2018) mitbestimmt wird. Ob nach erfolgter Wissensvermittlung tatsächlich eine Nutzungsbereitschaft entsteht, hängt schließlich von Faktoren wie der Ungewissheit über Risiken, dem Wissen über Vor- und Nachteile, fehlender Nutzungserfahrung sowie von Technologieart, Nutzungskontext und individuellen Merkmalen wie Alter, Technikgeneration und Geschlecht ab (Ziefle 2013). All diese Aspekte sind bedeutsam für die Toleranz gegenüber Risiko und Unsicherheit, die bei den ersten Begegnungen mit einer neuen Technologie eine Rolle spielen. Die seit mehr als vier Jahrzehnten aktive Akzeptanzforschung hat aufgezeigt, wie komplex menschliche Akzeptanz- und damit zusammenhängende Entscheidungsprozesse ablaufen (Renn 2005). Hierbei geht es um die aktive Bereitwilligkeit der Annahme und Nutzung, und nicht nur um eine Duldung des Neuen (Dethloff 2004). Letztendlich bestimmen Nutzungsperspektiven und auch die Nutzerrolle, ob es zu einer akzeptierenden oder ablehnenden Haltung kommt. Diese Erkenntnisse werden bis heute im technologiegeprägten Innovationsumfeld nicht ausreichend berücksichtigt z. B. (Müller-Czygan 2026).

So entstand in KOMMUNAL 4.0 die Überlegung, die eigenen Erfahrungen mit der Ablehnung der Innovationsentwicklungen (siehe Abschn. 2.1), die Ergebnisse aus der Lernforschung sowie die Auseinandersetzung mit den Erkenntnissen zur Technikakzeptanz auf die Rahmenbedingungen für die Anwendung neuer Technologien zu übertragen. Dabei ist eine neue Technologie möglichst nah an den Arbeitsalltag anzukoppeln, damit der Lernbedarf und somit mögliche kognitiven Verzerrungen infolge Kosten-Nutzen-Überlegungen und Kontrollerwartungen gering ausfallen (Ziefle 2013). Auch ein besserer Umgang mit vorhandener Komplexität war notwendig sowie eine bessere Erklärung des Mehrwerts einer Lösung. Zudem sollte das Lernen neuer Inhalte in gewohnter Arbeitsumgebung stattfinden (Collins und Carpenter 2020) und an bestehendes Wissen angebunden werden (Müller-Czygan 2018), was das Lernen beschleunigt. Aus diesen Ergebnissen wurde im Zuge des Forschungsprojektes KOMMUNAL 4.0 die Grundzüge der „SOWIESO-Strategie" entwickelt (Müller-Czygan 2020b).

3.2 Kern der SOWIESO-Strategie

Im Mittelpunkt der „SOWIESO-Strategie“ steht die Identifikation von Maßnahmen und Planungsprojekten, die parallel zum Zeitraum der ersten Überlegungen von Innovationen/neuen Lösungen bis hin zu deren Umsetzung in einer Organisation den aktuellen Alltag bestimmen. Idealerweise liegen für diese Maßnahmen/Projekte bereits Genehmigungen vor bzw. die Finanzierung ist geklärt. Zudem sollten sie in ihrer Komplexität überschaubar sein. Ausgewählte „SOWIESO“-Projekte sollten akzeptiert sein und es liegt dazu ausreichend erforderliches Wissen vor. Zudem spiegeln sie den Arbeitsalltag wider, und sind damit ideal geeignet, mit Innovationen verbunden zu werden. Was genau bedeutet das und wie erfolgt diese Verbindung?

Im ersten Schritt wird geprüft, ob eine oder mehrere angestrebte Innovationsideen mit aktuellen, sowieso stattfindenden Maßnahmen bzw. Projekten verknüpft werden können. Im Idealfall macht der in Frage kommende Innovationsansatz eine identifizierte „SOWIESO“-Aufgabe sogar effizienter und nachhaltiger. Umgekehrt bedeutet dies, dass ein mögliches Innovationsprojekt zusätzliche Belastungen der Mitarbeitenden soweit wie möglich vermeiden sollte. Hier hat sich in KOMMUNAL 4.0 (und auch in späteren Projekten und Testumgebungen (Müller-Czygan 2026)) die Anwendung des Pareto-Prinzips als Faustformel als geeignet herausgestellt. Der inhaltliche Anteil der sowieso stattfindenden Maßnahmen bzw. Projekte sollte mindestens 80 % betragen, maximal 20 % sollten als Innovation/Neuerung ergänzt werden. Dies betrifft sowohl die Finanzierung als auch den Lernaufwand, den betroffene Mitarbeitende für das neue Thema leisten müssen, um den Kern der Innovation/Neuerung zu verstehen und eine wirksame und vorteilhafte funktionelle Verbindung mit dem konventionellen Teil herstellen zu können. In nahezu allen vom Autor begleiteten SOWIESO-Projekten wurde diese Aufteilung von den Entscheidern und später für die Anwendung verantwortlichen Mitarbeitenden akzeptiert und eine ausgewählte Innovation/Neuerung umgesetzt. Diese Erkenntnis beruht allerdings alleine auf Beobachtungen des Autors in den letzten 10 Jahren, eine empirische Überprüfung dieser Vorgehensweise steht noch aus.

Durch diese Form des „Andockens“ einer in Frage kommenden Innovationslösung an ein „SOWIESO-Projekt“ werden automatisch die betroffenen Mitarbeitenden berücksichtigt. Hierdurch erhöht sich die Teilnahmebereitschaft schlagartig und die Akzeptanz für eine neue Lösung wird sehr hoch (Müller-Czygan 2021). Der Autor konnte in KOMMUNAL 4.0 sogar beobachten, dass die frühzeitig einbezogenen Mitarbeiter eigene Ansätze zur weiteren Innovationslösung beitrugen oder für signifikante Verbesserungen der bestehenden Ideen sorg-

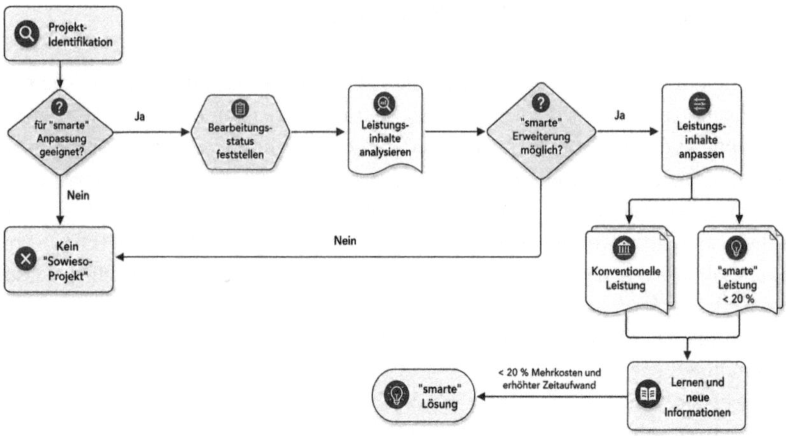

Abb. 3.1 Prinzip der „SOWIESO"-Strategie (erstellt mit KI)

ten. So wurde durch den „SOWIESO"-Prozess eine signifikante Initialzündung für einen sich daran anschließenden nachhaltigen Erneuerungsprozess erzeugt. Damit geht die Wirkung über das eigentliche Vorhaben weit hinaus, auf diesen beobachteten Effekt wird näher in Abschn. 3.4.3 und 4.3 eingegangen. Abb. 3.1 zeigt das Prinzip der „SOWIESO-Strategie" als Ablaufdiagramm.

Der typische Ablauf einer „SOWIESO-Strategie" soll am nachfolgenden Beispiel aus dem Projekt KOMMUNAL 4.0 dargestellt werden. In diesem Beispiel wurde ein konventioneller Horizontalstabrechen der Abwassertechnologie mit einer innovativen intelligenten Steuerung erweitert.

Sogenannte Horizontalstabrechen, werden vielfach in Mischwasserkanälen zum Rückhalt von Schmutzstoffen eingesetzt, wenn Kanalsysteme zum gemeinsamen Abtransport von Schmutz- und Regenwasser bei Starkregensituationen vollgefüllt sind. In diesen Situationen muss überschüssiges Wasser an speziellen Punkten (sog. Entlastungspunkte) aus dem Kanal in das nächste Gewässer geleitet werden. Damit das ungereinigte Mischwasser nicht unbehandelt aus dem Kanalsystem in das Gewässer gelangt, werden an diesen Punkten mechanische Siebe/Rechen (vorwiegend in Form eines Horizontalstabrechen) installiert, um zumindest Grobstoffe der Größe >4–5 mm vom Gewässer fernzuhalten (siehe Abb. 3.2). Weitergehende Ausführungen siehe (Müller-Czygan 2020a; Müller-Czygan und Stolz 2018). Nach Identifikation des Einsatzes eines konventionellen Horizontalstabrechens als „SOWIESO-Maßnahme" wird zu Beginn des Prozesses der aktuelle Bearbeitungsstatus der „SOWIESO-Maßnahme" geprüft. Besteht Spielraum

Abb. 3.2 Beispiel eines intelligenten Rechensystems (Müller-Czygan und Stolz 2018)

für eine Ergänzung/Anpassung mit einer Innovation ist zu klären, welche Leistungskomponente(n) anstelle der vorgesehenen konventionellen Technik mit einer Innovation ausgeführt werden kann/können. Herkömmliche Siebe-/Rechen-Systeme zum Schmutzstoffrückhalt reinigen die mit Schmutz belegten Rechenstäbe automatisch nach festgelegten Zeitintervallen. Die Entfernung der Schmutzpartikel von den Rechenstäben wird durch unflexible, konstante Kämm- und/oder Räumvorrichtungen sichergestellt. Dabei steht die Sicherstellung der hydraulischen Kapazität (maximal nötiger Abwasserdurchfluss) im Vordergrund. Das bedeutet, die konventionelle Steuerung ist so eingestellt, dass anfallender Schmutz möglichst schnell entfernt wird, unabhängig davon, ob der aktuelle Betriebszustand im Kanal die Schmutzentfernung erfordert oder nicht. Demgegenüber wurde in KOMMUNAL 4.0 durch den Unternehmenspartner HST Systemtechnik GmbH & Co. KG eine neuartige Steuerung vorgestellt, die es erlaubt, den auf den Rechenstäben anfallenden Schmutz nach Bedarf zu entfernen und auf zu erwartende Betriebsbedingungen anzupassen (HST 2026a). Die innovative Steuerung nutzt vernetzte Informationen aus lokalen Maschinenbetriebsdaten, aus WebCams sowie Niederschlagsdaten aus Datenportalen und erstellt eine Prognose, was in den kommenden Stunden im Kanal an Mischwasser anfallen wird. Untersuchungen in KOMMUNAL 4.0 haben gezeigt, dass bereits bei kleinen Wasserständen im Kanal Schmutzstoffe über den Horizontalstabrechen in das Gewässer gelangen, wenn der Freiraum zwischen den Rechenstäben durch permanente Reinigung ständig frei bleibt. Die neuartige Steuerung mit dem Namen IntelliScreen (HST 2026b) sorgt dafür, dass der Schmutz länger auf den Rechenstäben verbleibt und so wie eine Art Filter wirkt, und einen frühzeitigen Schmutzaustrag in ein Gewässer unterbindet.

So kann, wie bei Müller-Czygan (2020b) beschrieben, auf Basis der erweiterten, digital erfassten Informationslage die Filterwirkung des Rechengutes direkt genutzt werden im Sinne eines verbesserten Gewässerschutzes. Unter Leitung des Autors hat die Hochschule Hof die Wirkungsweise untersucht und bestätigt (inwa 2026a). Derartige Rechensysteme werden in Abwasserkanälen immer öfter eingesetzt und sind somit typische „SOWIESO-Projekte". Warum? Einerseits ist dies eine Art „Massenprodukt" der Abwassertechnik. Anderseits ist der Weg von einem üblichen zu einem intelligenten (innovativem) System hier nicht sehr weit, da die Grundmechanismen und Bauteile von Standard- und IntelliScreen-System identisch sind und die Anforderungen an Planung, Bau und Betrieb nur geringfügige (aber in ihrer Wirkung signifikante) Unterschiede aufweisen.

Mit vergleichsweise wenig Mehraufwand können herkömmliche Technologievorhaben um wirksame Innovationen erweitert werden. Geringe (aber keine simplen) Anpassungen (z. B. maschinen- oder digitaltechnisch) führen so zu einem Innovationssprung ohne großes Risiko und extra hohem Aufwand. Und gleichzeitig wird eine Tür für die Realisierung einer Innovation geöffnet. Für Anwendende ergeben sich folgende Vorteile durch diese Vorgehensweise:

- Die Grundkonzeption eines in Frage kommenden „SOWIESO-Projekts", wie am Beispiel Horizontalstabrechen gezeigt, ist allen Projektbeteiligten hinreichend bekannt, fachlich etabliert und wird (oder wurde) im Regelfall ohne große Hürden genehmigt. Es kommt damit zu keinem den Arbeitsalltag „störenden" Neuprojekt. Der Anteil neuartiger Technologien (z. B. aus dem Bereich Digitalisierung) ist vergleichsweise gering, die Mitarbeitenden sind mit den wesentlichen Basistechniken vertraut. Das neu zu Erlernende ist immer an vorhandenes Wissen gekoppelt, so das Lernen leichter fällt und schneller akzeptiert wird (Buck und Brinkmann 2019).
- Gleichzeitig wird die Chance einer Innovationsförderung stark erhöht. Die vormals vorgesehene Technik hat als Standard im Regelfall überhaupt keine Chance auf Förderzuschuss. Durch den neuartigen Innovationsanteil kann gegebenenfalls sogar die gesamte Maßnahme als Innovation bewertet werden (Müller-Czygan et. al. 2021).
- Generelle Vorbehalte gegenüber Innovationen lösen sich bei erfolgreicher Umsetzung eines „SOWIESO-Projekts" relativ schnell auf und ermöglichen größere Innovationsvorhaben.

Je früher ein „SOWIESO-Projekt" gefunden und gestartet wird, desto wirksamer kann eine Innovation als neuartiges Projekt/Produkt in alltägliche Aufgaben integriert und angewendet werden. Zudem entschärft eine frühzeitige Implementation eines „SOWIESO-Projekts" das Dilemma der Beeinflussbarkeit der Kosten über die Projektlaufzeit, wie im folgenden Abschn. 3.3 dargestellt.

3.3 Der Benefit der SOWIESO-Strategie für komplexe Innovationsprojekte

3.3.1 Das Kostenbeeinflussungsdilemma in Projekten reduzieren

Kommunale Infrastrukturprojekte unterliegen besonders der Gefahr des sogenannten Kostenbeeinflussungsdilemmas (Ehrlenspiel et al. 2026). In frühen Phasen ist die Beeinflussbarkeit der Kosten am höchsten, der Informationsstand jedoch am geringsten. Umgekehrt liegt ausreichendes Wissen erst spät vor, wenn wesentliche Festlegungen bereits getroffen oder realisiert sind. Abb. 3.3 stellt diesen Zusammenhang dar, indem es das mit der Zeit sinkende Kostengestaltungspotenzial dem wachsenden Erkenntnisstand und dem realen Kostenverlauf gegenüberstellt. Ehrlenspiel et al. (2026) belegen empirisch, dass bereits in der Konzeptphase rund 70 % der Herstellkosten festgelegt werden, obwohl dort nur 5–10 % der Entwick-

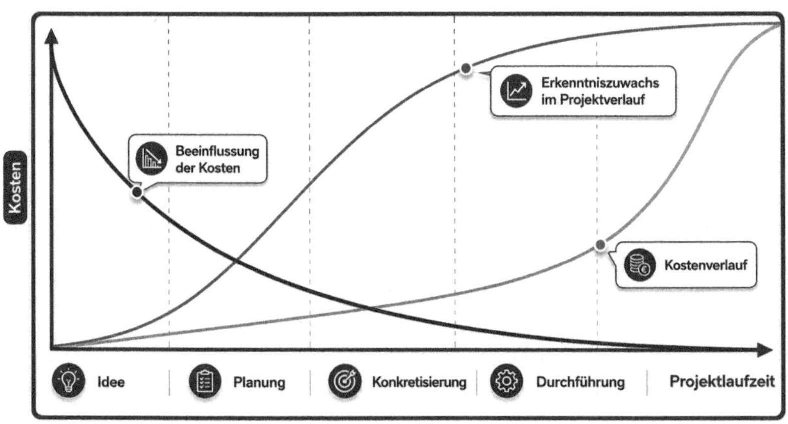

Abb. 3.3 Klassische Beeinflussbarkeit der Kosten über die Projektlaufzeit (in Anlehnung an (Ehrlenspiel et al. 2026), modifiziert mit KI)

lungskosten anfallen. In der Detailkonstruktion sind es etwa 85 %, nach Fertigungsübergabe verbleibt nur ein einstelliger Prozentsatz. Für Bauprojekte und kommunale Infrastruktur gibt es vergleichbare Nachweise (Kalusche 2016). Der Erkenntniszuwachs folgt typischerweise einem S-förmigen Verlauf, da er zunächst beschleunigt zunimmt und gegen Projektende asymptotisch gegen einen Grenzwert läuft. Entscheidend ist die Asymmetrie. Sobald genug Wissen für fundierte Entscheidungen vorliegt, ist der Kostenspielraum bereits stark reduziert. Wenige Prozent des Gesamtbudgets entscheiden so über den Großteil der Wirtschaftlichkeit.

Bei Innovationsvorhaben gilt dies verschärft. Innovationen sind durch ihre Neuheit sowie durch erhöhte Unsicherheit und Komplexität gekennzeichnet (z. B. Hauschildt et al. 2023), wodurch das Auseinanderklaffen von Beeinflussbarkeit und Erkenntnisstand strukturell größer wird. Da Erfahrungswissen aus Referenzprojekten und etablierten Verfahrensregeln fehlt, verläuft die Kurve des Erkenntniszuwachses anfangs flacher und steigt erst später an, während die Kostenbeeinflussbarkeit unverändert geringer wird, da sie eine Funktion der getroffenen Festlegungen und nicht der Information ist. In FuE-Vorhaben ist daher oft das Budget aufgebraucht, bevor vermarktungsreife Ergebnisse vorliegen (vgl. Praxistransferumfrage Abschn. 3.5.1). Wie kann die SOWIESO-Strategie dieses Dilemma entschärfen? Als kritischer Faktor wurde u. a. in KOMMUNAL 4.0 ein langsam anwachsender Erkenntnisgewinn identifiziert. In Verbindung mit der hohen Unsicherheit und Komplexität von Innovationen wurde das Kostenbeeinflussungsdilemma auch in weiteren Untersuchungen zur Digitalisierung in der Wasserwirtschaft (Müller-Czygan et al. 2022a, 2022b) und in Schwammstadtprojekten (Müller-Czygan et al. 2023) als zentrales Hemmnis festgestellt. Mangelndes Wissen auf Entscheidungs- und Anwenderebene führte meist dazu, dass konventionelle Lösungen den augenscheinlich besseren Innovationen bevorzugt wurden. Bereits in KOMMUNAL 4.0 zeigte sich, dass SOWIESO-Projekte mit geringen finanziellen Mitteln einen starken Hebel für zusätzlichen Erkenntnisgewinn boten. Um das beschriebene Dilemma zu minimieren, muss die Verlaufskurve des Erkenntniszuwachses möglichst nach links verschoben und zu Projektbeginn die Lernkurve so steil wie möglich gestaltet werden (siehe Abb. 3.4).

Ausgehend von der 80/20-Regel der SOWIESO-Strategie (Abschn. 3.2) sowie den Erfahrungen aus KOMMUNAL 4.0 und InSchuKa4.0 ist der Erkenntnisstand in einem SOWIESO-Projekt im Regelfall zu mindestens 80 % vorhanden, der erforderliche Zuwachs liegt bei maximal 20 %. Allein dadurch verschiebt sich die Kurve von Abb. 3.3 nach links, und damit der Schnittpunkt mit der Kurve des Kostengestaltungspotenzials für eine positivere Beeinflussung. Im Gegensatz zum Beispiel Horizontalstabrechen war in InSchuKa4.0 von Beginn an ein über-

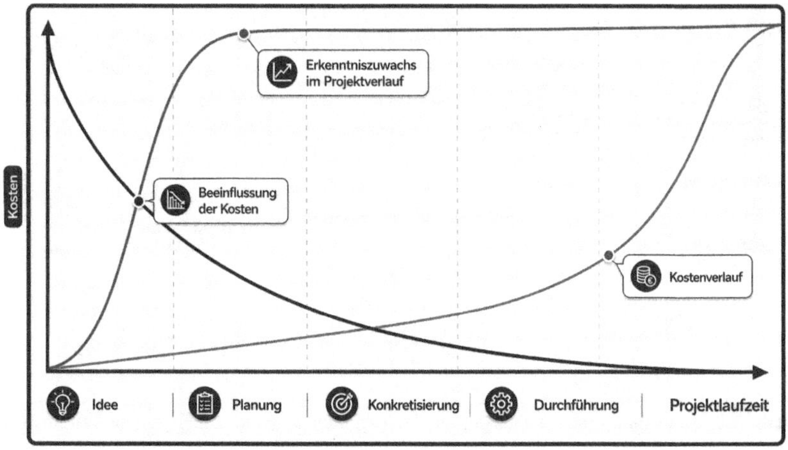

Abb. 3.4 Beeinflussbarkeit der Kosten mit steiler Lernkurve im SOWIESO-Projekt (in Anlehnung an (Ehrlenspiel et al. 2026), modifiziert mit KI)

geordnetes, komplexes digitales Kanalnetzmanagement das Ziel des Innovationsvorhabens. Aber auch hier wurde durch die Fokussierung auf zwei Einzelelemente (der Einbau maschinentechnischer Drosselorgane an zwei ausgewählten Stellen im Kanal) im Wesentlichen der SOWIESO-Strategie gefolgt. Voruntersuchungen hatten gezeigt, dass ein Effizienzpotenzial zur Erhöhung des Speichervolumens an verschiedenen Stellen im Kanalsystem bestehen. Die beiden ausgewählten Stellen hatten allerdings sowohl aus Sicht der Speichervolumenerhöhung als auch als zentrale Orte der Kanalnetzsteuerung das optimale Repräsentationspotenzial zur Demonstration der Gesamtwirkung an Einzelelementen. FuE-Projekte wie InSchuKa4.0 untersuchen normalerweise Fragestellungen vorwiegend aus strategischer Vogelperspektive, weshalb gemäß Abb. 3.3 zu Beginn der nötige Erkenntniszuwachs für ein wirtschaftlich nachhaltiges Projekt fehlt.

Das liegt auch darin begründet, dass eine mittel- und langfristig wirtschaftliche Perspektive, also ein wirksamer Praxistransfer, für eine späteren Nutzung im Forschungsvorhaben oftmals nur eine untergeordnete Rolle spielt, wie die Praxistransferumfragen in InSchuKa4.0 bestätigten (Abschn. 3.4.2). Außerhalb von Förderprojekten steht für kommunale Betreiber technischer Infrastrukturen neben der technischen Wirksamkeit besonders die Wirtschaftlichkeit weit oben. Ohne Fördergelder können sie sich den teuren, langsamen Erkenntniszuwachs nicht leisten und greifen auf etablierte, meist weniger wirksame Lösungen zurück oder zögern eine erforderliche Maßnahme komplett hinaus. Jena nutzte die SOWIESO-

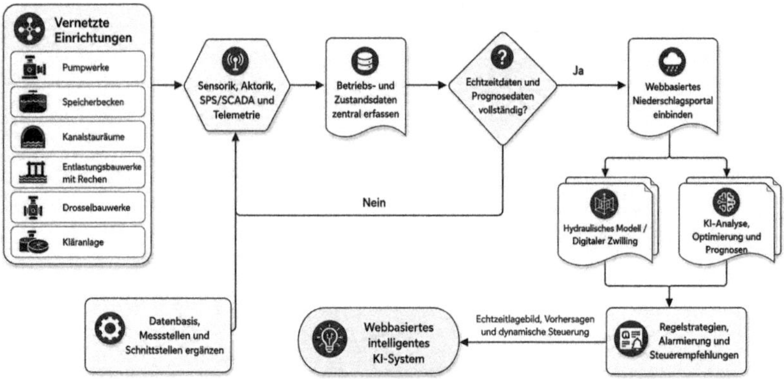

Abb. 3.5 Bausteine eines webbasierten, intelligenten Kanalnetzmanagementsystems (erstellt mit KI)

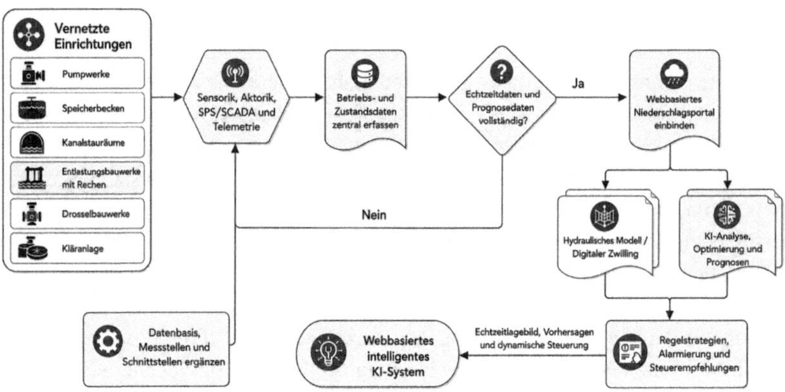

Abb. 3.6 Repräsentativen Bausteine SOWIESO-Projekt Horizontalstabrechen (erstellt mit KI)

Strategie zur Lösungsumsetzung mit optimalen Erkenntniszuwachs sowohl über das Fördervorhaben als auch durch die gezielte Auswahl der zwei Einzelobjekte und ermöglichte so eine umfangreiche Innovation (Abb. 3.5).

In nicht geförderten komplexen Projekten wie z. B. der Absicht, in Zukunft ein dynamisches Kanalnetzmanagement zu entwickeln, kann mit der Installation eines intelligenten statt eines Standard-Horizontalstabrechens als überschaubares

SOWIESO-Projekt ebenfalls die gewünschte steile Lernkurve erzeugt werden. Abb. 3.6 zeigt am Beispiel Horizontalstabrechen, welche Elemente eines dynamischen Kanalnetzmanagements so ein SOWIESO-Projekt „IntelliScreen" bereits (ungewollt) adressiert (grün markiert). Bis auf den meist erforderlichen digitalen Zwilling als hydraulisches Modell sind alle relevanten Innovationselemente in reduzierter Form bereits vorhanden, was für eine effektive Lernkurve entscheidend ist und eine wirkungsvolle Ausgangsbasis bildet.

Schon ein konventioneller Rechen benötigt die zentralen Bausteine der Mess- und Steuerungstechnik, der Betriebsdatenerfassung, der dahinterliegenden Datenbasis mit ihren Schnittstellen sowie der Regelstrategien zur Alarmierung und Steuerung. Ergänzt werden müssen daher beispielsweise nur ein Messpunkt aus einem webbasierten Niederschlagsportal für eine Integration meteorologischer Daten und eine einfache KI-Analyse, was etwa 20 % Mehraufwand ausmacht, damit alle repräsentativen Bausteine vorhanden sind.

So lernen alle Beteiligten eines Kanalnetzbetreibers die wichtigsten Bausteine und deren Vernetzung in einem überschau- und finanzierbaren Rahmen kennen. Sobald der innovative Rechen sicher betrieben wird und die Hintergründe zum Standardwissen geworden sind, kann die nächste Stufe folgen, etwa die intelligente Vernetzung mehrerer Einrichtungen. Nach jeder Stufe wandert neues Wissen auf die 80-%-Seite des Bekannten, was Überforderung verringert, Lernphasen verkürzt und die (positive) Kostenbeeinflussung erhöht.

3.3.2 Gesamtkomplexität strukturieren und mit SOWIESO-Projekten verstehbar machen

In zwei unter der Leitung des Autors entwickelten und erprobten Zertifikatslehrgängen an der Hochschule Hof (inwa 2026a, 2026b) wurde die SOWIESO-Strategie als eine von zwei zentralen Arbeitsmethoden integriert, um komplexe Innovationslösungen zur Digitalisierung der Wasserwirtschaft sowie zur Transformation von Städten und Regionen zu Schwammstädten/-regionen schneller und zielgerichteter in der Praxis zu verankern. Die rd. 100 Teilnehmenden beider Zertifikatslehrgänge erlernten in Theorie und Praxis die Inhalte gemäß Abschn. 3.2 und 3.3.1. Im Mittelpunkt dieser Lehrgänge stand auch die Anwendung der sogenannten Hofer Mehrebenenanalyse (MEA). Sie ist eine Mischung aus klassischer Multikriterienanalyse und einer auf räumliche Dimensionen adaptierten Form der klassischen Mehrebenanalyse und wurde zur besseren Bearbeitung komplexer kommu-

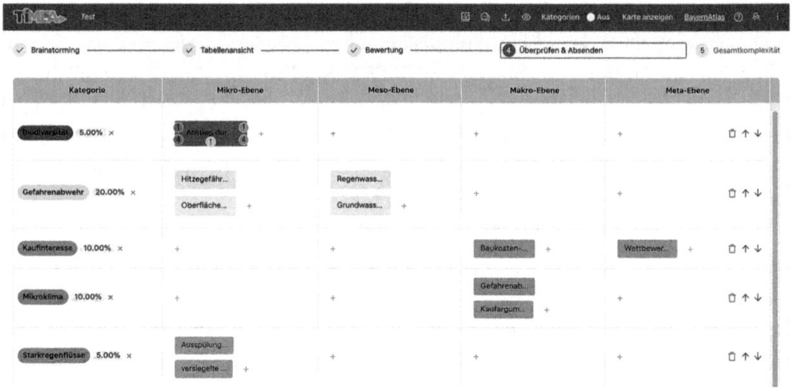

Abb. 3.7 Software TIMEA zur Anwendung der Hofer Mehrebenenanalyse. (Quelle: Hochschule Hof)

naler Situationen und Herausforderungen vom Autor entwickelt (Müller-Czygan, 2026). Ein wesentlicher Bestandteil dieser Methode ist die integrierte Analyse von SOWIESO-Potenzialen. Wie bereits zuvor dargestellt, eignen sich SOWIESO-Projekte besonders dann, wenn komplexe und übergeordnete (innovative) Lösungsansätze überfordern oder das Wissen zu gering ist, fundierte Entscheidungen zu treffen. Komplexe Vorhaben wie Digitalisierungsprojekte in der Wasserwirtschaft oder der Einsatz von Infrastrukturlösungen im Themenfeld Schwammstadt/-region sind ideal geeignet, mit einem oder mehreren SOWIESO-Projekte zu starten. Um bei einer Fülle an zu beachtenden Aspekten und Interessen das richtige SOWIESO-Projekt zu finden, auch in Bezug auf die passende Repräsentanz für das übergeordnete Gesamtvorhaben, empfiehlt sich zuerst in einem mehrstufigen Prozess alle relevanten Aspekte des Gesamtvorhabens zu sammeln, zu strukturieren und zu bewerten. Danach ergibt sich ein erstes klares Bild des Gesamtvorhabens, seiner Schwerpunkte sowie Chancen und Risiken. Für diesen Prozess eignet sich die Verwendung der Hofer Mehrebenenanalyse. Um insbesondere in Vorhaben kommunaler Infrastrukturen sowohl die übergeordneten kommunalen Komplexitätsaspekte zu berücksichtigen als auch ausreichend in die (fachliche Tiefe) gehen zu können, enthält die Hofer Mehrebenenanalyse eine räumlich orientierte Kombination aus klassischer Mehrebenen- und Multikriterienanalyse. Abb. 3.7 zeigt die speziell entwickelte webbasierte Version der Mehrebenenanalyse mit dem Namen TIMEA. In verschiedenen FuE-Projekten unter der Leitung des Autors zeigte sich, dass erst deren Einsatz zu einer fundierten Ziel- und

Funktionsbeschreibung für innovative Maßnahmen führten. Für eine weitergehende Auseinandersetzung wird auf Müller-Czygan (2026) verwiesen. Deren Anwendung wird am SOWIESO-Beispielprojekt Schauenstein in Abschnitt 3.4.1 dargestellt.

3.4 Beispielhafte SOWIESO-Projekte

3.4.1 DiGrus – Digitale Grundschule Schauenstein

Üblicherweise werden kommunale Projekte auf einen lokalen Bereich bezogen, z. B. ein Grundwasserbrunnen, ein Pumpwerk, ein Gebäude, eine Brücke oder die Verbesserung eine Emissionsquelle (z. B. Lärmreduktion einer Maschine an einem Einsatzort). Dieser kleinste, räumlich festgelegte Betrachtungsbereich wird in der Hofer Mehrebenenanalyse als Mikroebene bezeichnet, hier findet die eigentliche Aktivität einer Maßnahme/Innovation statt. Von diesem Punkt aus werden weitere, räumlich zugeordnete Ebenen definiert, um angrenzende und darüber hinaus gehende Einflüsse und Wechselwirkungen zur Maßnahme/Innovation zu erfassen. Dies erfolgt in Form größerer räumlicher „Kreise", die um den Startpunkt Mikroebene gezogen werden. Sie werden Meso-, Makro- und Metaebene bezeichnet (siehe Tab. 3.1 und Abb. 3.8). Innerhalb der Mikroebene findet die eigentliche Innovation statt wie z. B. der Einsatz eines Horizontalstabrechens im Kanalsystem oder wie folgend beschrieben, das SOWIESO-Projekt einer Kopplung eines realen technischen Niederschlagsmanagements dmit einer 3D-Lernsoftware für Grundschulkinder an der Grundschule Schauenstein (Landkreis Hof, Oberfranken).

Die Stadt Schauenstein stand vor der Notwendigkeit, die örtliche Grundschule zu sanieren. Insbesondere die in die Jahre gekommene Turnhalle musste ein-

Tab. 3.1 Ebenendefinition der Hofer Mehrebenenanalyse (Müller-Czygan (2026)

Ebene	Beschreibung
Mikroebene	Kleinster Aktionsbereich (z. B. Gebäude/Objekt/Liegenschaft/Funktionsraum oder -bauwerk)
Mesoebene	Umgebungsbereich der Mikroebene (z. B. Nachbargrundstücke, Wohnviertel, Stadtviertel, Gewerbegebiet)
Makroebene	Übergeordneter Bereich der Mikroebene (z. B. Stadt/Kommune/Übergangsbereich zur nächsten Stadt/Kommune)
Metaebene	Übergeordneter Bereich der Makroebene (z. B. Interkommunaler Aktionsbereich zweier oder mehrerer Kommunen/Städte, Region, Landkreis)

Abb. 3.8 Räumliche Ebenenzuordnung im SOWIESO-Projekt Schauenstein (Müller-Czygan 2026)

schließlich des Hallendaches komplett erneuert werden. Im Zuge der Planung entschied sich der Stadtrat für einen innovativen Weg, indem das sowieso komplett neu aufzubauende Hallendach als sogenanntes Purple Roof Gründach ausgebildet werden sollte (Mundackal 2023). Diese moderne Form eines Gründaches vereint die naturbasierten Grundfunktionen mit technischen Elementen, und ermöglicht so eine hohe Regenwasserspeicherkapazität, sodass diese Gründachform als aktives Element für ein gesamtheitliches Regenwassermanagement der Schule verwendet werden kann. Ohne die sowieso fällige Grundschulsanierung wäre es in Schauenstein nicht zum erstmaligen Einsatz eines Purple Roof Systems in Deutschland gekommen. Erwähnt werden muss zudem, dass die Stadt Schauenstein die SOWIESO-Strategie auch in einem zweiten Punkt konsequent angewendet hat. Zeitgleich zur Sanierung der Grundschule war auch die Sanierung des alten Rathauses erforderlich. Für den kommunalen Sektor eher unüblich wurden beide Vorhaben gedanklich zusammengeführt und es wurde festgestellt, dass in den alten Schulräumen ausreichend Platz vorhanden war, um auch Büros für die Stadtverwaltung mit unterzubringen. So wurde die sowieso vorgesehene Grundschulplanung erweitert und ein zweites, separates Sanierungsvorhaben konnte entfallen.

Wie erfolgte nun die Anwendung der Hofer Mehrebenenanalyse im Fall Schauenstein? Für das Projekt Schauenstein wurde als „SOWIESO-Potenzial" das (sowieso) vorgesehene Regenwassermanagement (Gründach und Regenspeicher) identifiziert und hierfür durch die Hochschule Hof ein digitaler Zwilling konzipiert.

In erster Linie sollte mit den Szenariomöglichkeiten eines digitalen Zwillings herausgefunden werden, wie lange das Gründach auf der Turnhalle mit Regenwasser versorgt werden kann, wann eine Zugabe an Trinkwasser erforderlich wird (und wie viel) und unter welchen Bedingungen die Pflanzen auf dem Gründach und dem Schulgelände in verschiedenartigen Trockenperioden überleben. Ebenfalls analysiert wurde mit der Mehrebenenanalyse der Einfluss verschiedener Starkregenfälle auf die Grundschuleinrichtungen und die Nachbarliegenschaften. Im ersten Schritt erfolgte die räumliche Ebenenzuordnung (siehe Abb. 3.8). Als Ausgangspunkt und zentraler Handlungsbereich (Mikroebene), wurde das Grundstück mit dem Gebäudeensemble der Grundschule (und späteren Stadtverwaltung) gewählt. Um die direkten Einflüsse auf und von der Mikroebene auf die unmittelbare Umgebung zu identifizieren und zu definieren, wurde der an die Schule angrenzende Wohn- und Liegenschaftsbereich als nächste räumliche Ebene ausgewählt (Mesoebene). Von hier aus wurde dann der Kernort Schauenstein als nächstfolgende räumliche Einheit (Makroebene) festgelegt. Da die Stadt Schauenstein über weitere Ortsteile verfügt, wurde der größte Betrachtungsraum, die Metaebene, für das gesamte Stadtgebiet festgelegt.

Für jede Ebene wurden die relevanten und kritischen Einflussfaktoren, Anforderungen und Stakeholderinteressen identifiziert und in der Mehrebenenanalyse analog dem Beispiel in Abb. 3.8 dokumentiert. Im nächsten Schritt wurden generelle Fragen zur Identifikation weiterer Komplexitätsaspekte gestellt. Dazu gehörte z. B. die Analyse von möglichen auftretenden Komplexitätsfaktoren, die den Bereichen Extra-Komplexität (von außerhalb kommend mit wenig bis gar keiner Einflussmöglichkeit), Inter-Komplexität (treten zwischen Kommunen und agierenden Stakeholdern wie Behörden, Vereine, Bürger usw. auf) und Intra-Komplexität (innerhalb der Kommune z. B. durch Verwaltungsabläufe verursacht) zugeordnet wurden. Ergänzt wurde die Betrachtung um den Faktor Zeit, welche eine eigene Dimension oder Ebene darstellen kann. Bei der Zeitbetrachtung erfolgt eine Analyse der Vergangenheit, der Gegenwart und der Zukunft. Diesen drei Zeitabschnitten können dann einzelne Komplexitäts- oder Handlungsaspekte zugeordnet werden. Typisch für eine Vergangenheitszuordnung sind beispielsweise mehrjährige Verträge oder laufende Genehmigungen, die bei der Maßnahmenumsetzung zu berücksichtigen sind (z. B. Beachtung von vorhandenen oder fehlenden Durchleitungsrechten für erforderliche Rohrleitungen).

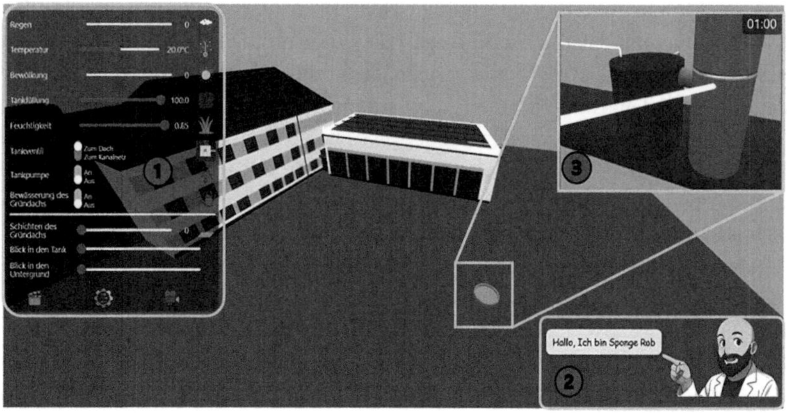

Abb. 3.9 3D-Modell der Dachbegrünung auf der Grundschule Schauenstein mit den einstellbaren Parametern (1), dem digitalen Assistenten (2) und einblendbaren Details (3). (Quelle: Hochschule Hof)

Der innovative Kern des SOWIESO-Projekts für die Grundschule Schauenstein lag in der Erweiterung des digitalbasierten Regenwassermanagements (Gründach und Regenspeicher) hin zu einem Lernsystem für die Grundschüler:innen. Die (sowieso) vorgesehene digitale „Schwammmanagement“-Variante war stark technisch ausgelegt, und eignete sich damit in erster Linie zur Schulung von technischem Personal, aber nicht für die Anwendung im Grundschulunterricht. Im Zentrum des Modells steht ein digitales Gründach-Modell, welches für die Kinder auf einfache und anschauliche Weise darstellt, wie ein modernes Gründach funktioniert. Mit dem Modell lässt sich zudem die Wirkung von Wetter, Temperatur und Steuerung beobachten und beeinflussen.

Im 3D-Modell (Abb. 3.9) werden für den Unterricht alle benötigten Kennzahlen entweder simuliert, vorgegeben, berechnet oder von den Lehrkräften bzw. den Kindern eingestellt. Das Modell richtet sich an folgenden Grundprinzipien aus:

- Durch ständige Überwachung (Bodenfeuchtigkeitssensoren) des Pflanzensubstrates auf dem Dach wird signalisiert, ob eine Bewässerung nötig wird oder nicht
- Durch ständige Überwachung des aufkommenden Wetters (Wetterdienst) wird signalisiert, ob eine Notentleerung passieren muss aufgrund von aufkommendem Starkregen
- Durch ständige Überwachung des Tanks (Füllstandssensoren) wird der sekundenaktuelle Füllstand geprüft

3.4.2 InSchuKa4.0 – Dynamisches Kanalnetzmanagement mit KI

Komplexe Kanalsysteme in Großstädten wie in Jena, dem Erprobungsort der Innovationen im Vorhaben InSchuKa4.0, bestehen neben hunderten Kilometern von Kanalrohren aus einer Vielzahl an technischen Bauwerken mit unterschiedlichen Funktionen. Insbesondere der Klimawandel stellt Städte wie Jena vor erhebliche Herausforderungen im Bereich der öffentlichen Infrastrukturen. Dabei spielt Starkregen eine große Rolle, wenn die Speicherkapazitäten in Mischwasserkanalsystemen ausgeschöpft sind, und das Gemisch aus Regen- und Abwasser unbehandelt in Gewässer gelangt oder sich aus Kanalschächten auf Straßen und Plätze verteilt. Untersuchungen zeigen, dass in vielen Kanalsystemen der vorhandene Speicherraum aus unterschiedlichen Gründen nicht komplett genutzt wird, sodass es zu Mischwasseraustritten kommt, obwohl noch Platz vorhanden wäre (Müller-Czygan et al. 2026). Gleichzeitig planen viele Städte und Kommunen den Bau neuer Speicherbauwerke, um die Wassermengen bei Starkregen besser abzupuffern. Die Stadt Jena stand ebenfalls vor diesen Aufgabenstellungen. Gleichzeitig gab es bereits Überlegungen, an einzelnen Stellen im Kanalsystem technische Steuerungselemente einzubauen, um den Wasserfluss im Kanal besser steuern zu können. So wurde der sowieso geplante Einbau technischer Elemente als SOWIESO-Potenzial für ein dynamisches Kanalnetzmanagement identifiziert, und im Rahmen des Projektes InSchuKa4.0 umgesetzt. Durch eine gezielte Analyse

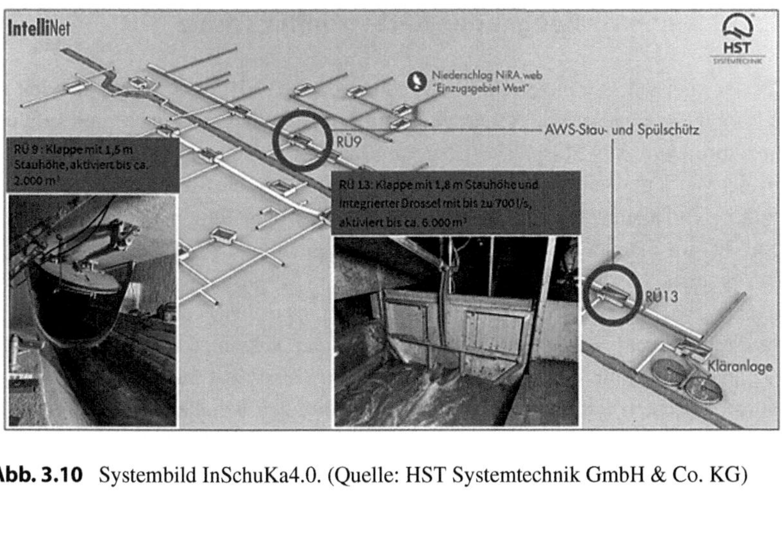

Abb. 3.10 Systembild InSchuKa4.0. (Quelle: HST Systemtechnik GmbH & Co. KG)

des gesamten Kanalnetzsystems wurden die zwei besten Stellen im Kanal identifiziert, um dort speziell angepasste Verschlussklappen einzusetzen, die mithilfe der KI-Methode Case Based Reasoning so gesteuert werden können, dass sie zusätzliches Wasser im Kanal zurückhalten können. Abb. 3.10 zeigt die Systematik des dynamischen Kanalnetzmanagements und die zwei zentralen Verschlussklappen. Berechnungen ergaben, dass durch diese Lösung bis zu 8000 m^3 an zusätzlichem Mischwasser bei Starkregen im Kanal gespeichert werden können. Der Bau von separaten Speicherbauwerken mit identischer Größe hätte Kosten von mehr als 10–15 Mio. € verursacht, während die technische Installation der Verschlussklappen im bestehenden Kanal inkl. der intelligenten Steuerung und der erforderlichen Vorbereitung rd. 1,5 Mio. € verursachte. Für weitere Informationen wird auf den veröffentlichten Abschlussbericht verwiesen (Tarasyuk et al. 2026).

Die Erweiterung des (sowieso) geplanten Einbaus technischer Elemente im Kanal um eine neuartige intelligente (KI-basierte) Kanalnetzsteuerung war nicht das einzige SOWIESO-Potenzial, was im Vorhaben genutzt wurde. Da aufgrund der umfangreichen Vorarbeiten eine Forschungsförderung notwendig war, erfolgte automatisch auch eine umfangreiche Betrachtung des Zusammenspiels von Kanalsystem und angeschlossener Kläranlage. So konnten weitere, die Kläranlage betreffende SOWIESO-Potenziale identifiziert werden wie z. B. die Nutzung des Hauptkanals als aktives Speicherelement oder den Schutz der Kläranlage durch rechtzeitiges Beseitigen von Ablagerungen im Kanal.

3.4.3 Schwammstadtplanung als SOWIESO-Projekt für einen vorbeugenden Katastrophenschutz

Bei den meisten Beispielen zur Anwendung der SOWIESO-Strategie handelt es sich in erster Linie um die Integration von Innovationen in kleinere und größere Einzelprojekte. Am Beispiel einer gesamtheitlichen Schwammstadtplanung soll gezeigt werden, wie die SOWIESO-Strategie auch komplex-interdisziplinäre strategische Vorhaben unterstützen kann. Die Schwammstadt (englisch „Sponge City“) steht für einen Paradigmenwechsel der urbanen Planung im Wasser- und Freiraummanagement. Niederschlagswasser soll nicht mehr vorrangig schnell abgeleitet, sondern in der Fläche zurückgehalten, versickert, gespeichert und zeitverzögert zur gezielten Nutzung wieder abgegeben werden. Der Nutzen ist bewusst breit angelegt und sogenannte blau-grüne Infrastrukturen (Kombination aus naturbasierten und technischen Maßnahmen) können Überflutungen bei Starkregen abmildern, Hitze dämpfen, Trockenstress puffern, Kanalnetz und Kläranlage entlasten, die Biodiversität fördern und die Aufenthaltsqualität steigern (Nehren et al. 2023;

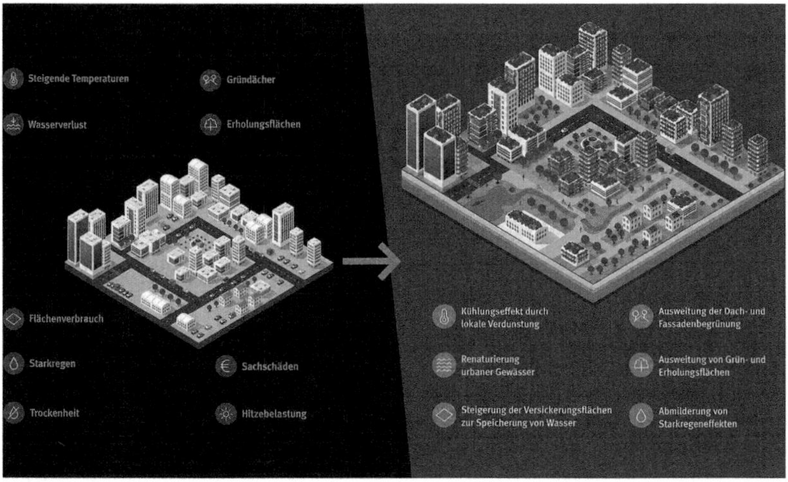

Abb. 3.11 Prinzip Schwammstadt (in Anlehnung an (UBA 2026), modifiziert mit KI)

Winker et al. 2022). Damit gekoppelt werden kann ein vorbeugender (Umwelt-) Katastrophenschutz als ein gewichtiger Aspekt einer umfassenden kommunalen Klimaanpassung. Gerade diese Vieldimensionalität macht ein vollständiges Schwammstadtkonzept ohne strategische Elemente zu einem schwer umsetzbaren Vorhaben, weil es zahlreiche Ämter zugleich in Anspruch nimmt, und ein immer noch vorherrschendes Silodenken die Planungsphase erheblich erschwert (Hohmann et al. 2025; Novak et al. 2023). Die SOWIESO-Strategie kann für eine umfassende Schwammstadtumsetzung wichtige Erleichterungen und Vorteile bringen. Trotz eines vielfach belegten Mehrfachnutzens ist eine blau-grüne Infrastruktur von einer flächendeckenden Anwendung noch weit entfernt (Sadegh Koohestani et al. 2025). Auch für deutsche Städte sind die wesentlichen Hemmnisse empirisch beschrieben, wie z. B. Wissens- und Bewusstseinsdefizite, governance- und ressourcenbezogene Engpässe sowie eine geringe Einbindung des Immobiliensektors (Winker et al. 2022). Was als ganzheitliches Zukunftskonzept gemäß Abb. 3.11 entworfen wird, schrumpft in der Realität daher häufig auf wenige, meist kleine und örtlich begrenzte Einzelmaßnahmen zusammen (Müller-Czygan 2023).

Hier kann eine SOWIESO-Strategie ihre erste Wirkung entfalten. Statt ein Gesamtkonzept als großes, alle Ressorts überforderndes Vorhaben anzugehen, dienen ohnehin anstehende, bereits genehmigte oder finanzierte und überschaubare Maßnahmen als Andockpunkte. Eine Straßen- und Kanalsanierung bietet etwa Gelegenheit, begleitende Baumstandorte zu Baumrigolen umzubauen oder eine

Gebäudesanierung das Anlegen von Gründächern mit Regenwasserbewirtschaftung. Wo Flächen ohnehin entsiegelt werden, bieten sich wasserdurchlässige Beläge an, und vorhandene Park-, Schul- oder Sportflächen lassen sich multifunktional als temporäre Retentionsräume nutzen. Gemäß der 80/20-Faustformel bleibt der vertraute konventionelle Anteil dominant und der ergänzende Schwammstadtanteil so gering, dass er weder Genehmigung und Budget noch den Lernaufwand der Beteiligten überfordert. Eine zentrale Schwammstadtstrategie und -planung kann durch Anwendung der SOWIESO-Strategie auch weitergehende Synergien auf einer übergeordneten Ebene nutzen. Die konsequente Planung und Umsetzung eines umfassenden Schwammstadtkonzepts ist an sich schon ein anspruchsvolles organisatorisches Vorhaben. Genau darin liegt ihr Wert, also ihr SOWIESO-Potenzial für ein ganz anderes Aufgabenfeld: dem kommunalen Bevölkerungs- und Katastrophenschutz. Eine eingehende Analyse durch den Autor zeigt, dass sich beide Bereiche auf zahlreiche identische organisatorische Voraussetzungen, Informationsquellen und Umsetzungsschritte stützen. Wer „sowieso" eine wirksame Schwammstadtplanung aufsetzt, kann diese gezielt dazu nutzen, parallel ein leistungsfähiges Katastrophenmanagement aufzubauen, indem die Parallelen identifiziert und darin enthaltene Synergien systematisch gehoben werden. Deutlich wurde dieser Zusammenhang bei der Auseinandersetzung mit verschiedenen Publikationen über die Aufarbeitung der Ahrtal-Katastrophe vomSommer 2021. Die Klimaforscherin Friederike Otto, Mitbegründerin der Attributionsforschung, weist beispielsweise darauf hin, dass die Gefährlichkeit von Wetterereignissen in Deutschland lange unterschätzt wurde, was sich in der Flut im Ahrtal und in Nordrhein-Westfalen mit 180 Toten leider bewahrheitete (Zoschke 2026). Für die Gestaltung von Vorsorgemaßnahmen ist dabei der Befund zentral, dass ein erheblicher Teil der Betroffenen die Gefahr nicht rechtzeitig erkannte. Besonders betroffen waren weniger mobile oder anderweitig eingeschränkte Personen. Extremwetter trifft damit die Schwächsten am stärksten. Dies zeigt, dass technische und organisatorische Vorsorge allein nicht genügt, sondern um niedrigschwellige Warn-, Kommunikations- und Selbsthilfestrukturen ergänzt werden muss, ein Aspekt, der in den Leitlinien zur SOWIESO-Strategie (Kap. 5), insbesondere zu Kommunikation und Beteiligung, gezielt aufgegriffen wird. In ihrem Buch „Und dann fällt der Strom aus … Erkenntnisse für Bürgermeister und Landräte aus der Flutkatastrophe im Ahrtal" zeigen Markus Becker und Guido Quelle (2024) aus Sicht handelnder Infrastrukturexperten, was nach einer Katastrophe zur Sicherstellung einer funktionsfähigen Infrastruktur in Bezug auf zukünftige Katastrophenprävention praxisbezogen erforderlich ist. Egal ob es um Energie, Wasser, Abwasser oder Abfall geht, bereits am Tag 1 nach der Katastrophe wurde sichtbar, wie wenig resilient kommunale technische Infrastrukturen und deren Betriebssicherheit in der Vergangenheit gestaltet wurden. Markus Becker und Guido Quelle legen in ihrem Buch den Finger ganz tief in diese Wunde und zeigen Schritt für Schritt auf, wie eine bessere Katastrophenprävention gelingen kann.

Dabei stehen nicht nur technische Präventionsmaßnahmen im Blickpunkt der Autoren, sondern gleichbedeutend organisatorische Maßnahmen sowie der Mensch als zentraler handelnder Akteur mit allen Stärken und Schwächen menschlicher Existenz. In der Retrospektive haben die Autoren drei wesentliche Phasen identifiziert (nicht trennscharf zu unterscheiden), die nach einer solchen Katastrophe zu bewältigen sind:

- die Blaulichtphase (die ersten, hochemotionalen Wochen direkt nach der Katastrophe mit vielen Noteinsätzen der Polizei, des Rettungsdienstes, der Seelsorge und weiterer Hilfsorganisationen sowie der Einrichtung akuter Notfallmaßnahmen),
- die Provisoriumsphase (Wechsel von reaktivem Handeln in immer stärker steuerndes Handeln mit robusten Provisorien, meist unter flexibler Anwendung öffentlicher Vergabe) und
- die Wiederaufbauphase (Übergang zur mittel- und langfristigen Wiederherstellung von Infrastruktur und Ortsbereichen unter Verwendung standardisierter öffentlicher Planungs- und Vergabeverfahren).

Analysiert man die von Becker und Quelle aufgeführten Notwendigkeiten in diesen drei Phasen genauer aus der Perspektive der SOWIESO-Strategie, so wird sichtbar, dass eine sowieso betriebene Schwammstadtplanung in ihrer regulären Ausgestaltung viele jener Voraussetzungen „mit“ erschaffen kann, die die beiden Autoren zur Vorbereitung auf die drei Katastrophenphasen als zwingend nötig beschreiben. Diese Elemente können im Zuge einer Schwammstadtplanung gewissermaßen „sowieso” für ein wirksames Katastrophenmanagement mitberücksichtigt werden. Abb. 3.12, 3.13 und 3.14 zeigen diesen Zusammenhang auf. Hier sind ohnehin vorgesehenen Schritte und Maßnahmen eines Schwammstadtkonzepts den jeweils bereits in ihnen enthaltenen Anteil eines vorbeugenden Katastrophenschutzes dargestellt und den drei Phasen nach Becker und Quelle (2024) zugeordnet.

Schwammstadtplanung und Katastrophenmanagement bedürfen der Beachtung vergleichbarer Anforderungen. Beide verlangen ein interdisziplinäres, ressortübergreifendes Abstimmen und Handeln, das eine räumliche Risikobetrachtung mit

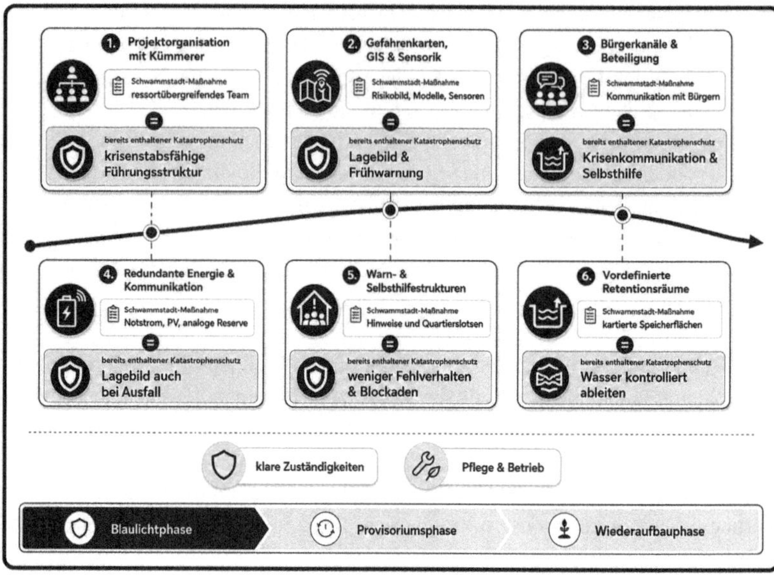

Abb. 3.12 Integrative Elemente einer Schwammstadtstrategie in der Blaulichtphase (erstellt mit KI)

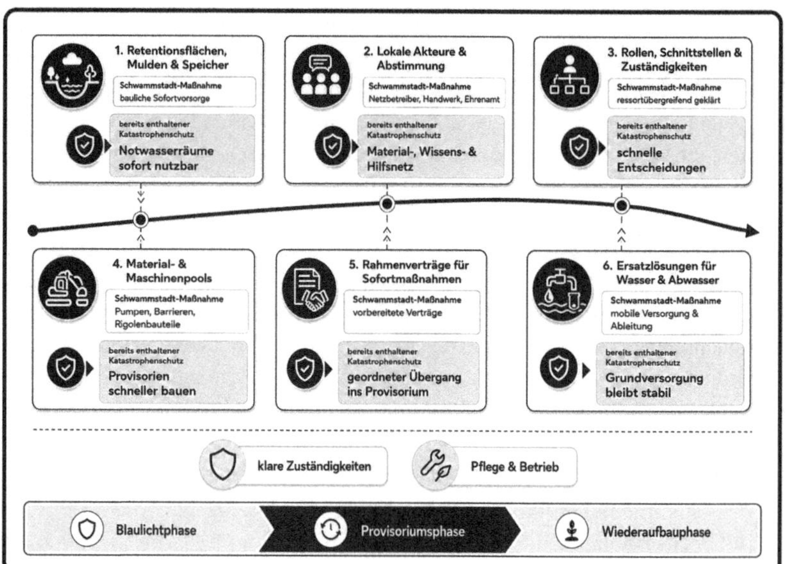

Abb. 3.13 Integrative Elemente einer Schwammstadtstrategie in der Provisoriumsphase (erstellt mit KI)

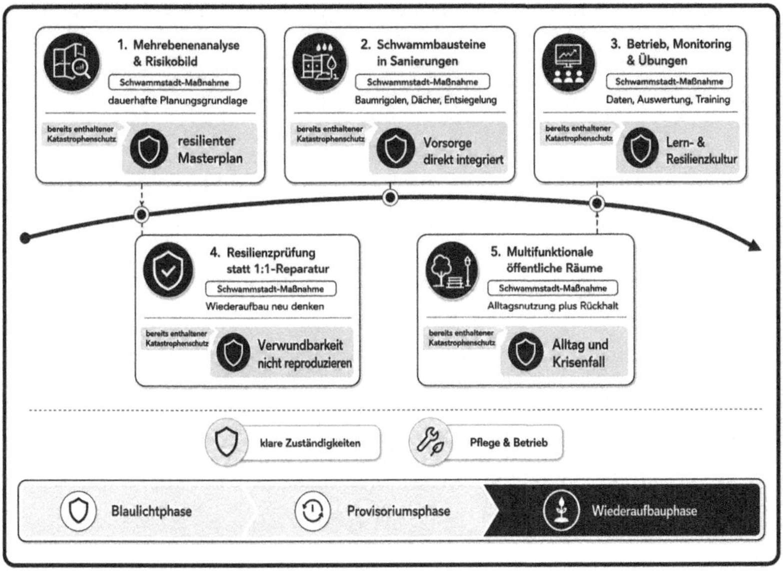

Abb. 3.14 Integrative Elemente einer Schwammstadtstrategie in der Wiederaufbauphase (erstellt mit KI)

einer tragfähigen Kommunikationsstrategie verbindet. So erfordern beide Aufgaben eine Zusammenarbeit über Abteilungs- und Ebenengrenzen hinweg und durchbrechen damit sektoral getrennte Verwaltungsroutinen (Ershad Sarabi et al. 2019; Ommer et al. 2022). Diese Abstimmung lässt sich für beide Zwecke gemeinsam und damit nur einmal leisten. Bei der Übertragung ist zwischen zwei Arten von Anteilen zu unterscheiden. Physische und datenbezogene Anteile bleiben klima- und wasserspezifisch und damit an Ereignisse wie Starkregen, Hochwasser oder Hitze gebunden. Die organisatorischen Fähigkeiten dagegen, von der Stabsarbeit über die Lagebildführung bis hin zu Kommunikation und Beteiligung, sind auf den Allgefahren-Bevölkerungsschutz insgesamt übertragbar, also auch auf Ereignisse ohne Wasserbezug. Eine derartige Umsetzung setzt ein ausdrückliches Mandat der obersten Verwaltungsorgane ebenso voraus wie klar verteilte Rollen und eine koordinierende Stelle. Zudem sind Fragen der Zuständigkeit und des Datenschutzes frühzeitig zu regeln (Ershad Sarabi et al. 2019; Hohmann et al. 2025). Werden diese Voraussetzungen erfüllt, kann ein doppelter SOWIESO-Effekt entstehen (siehe Abb. 3.15). Die Schwammstadt nimmt als Andockpunkt einzelne Innovationen auf und dient zugleich als Träger für den parallelen Aufbau eines

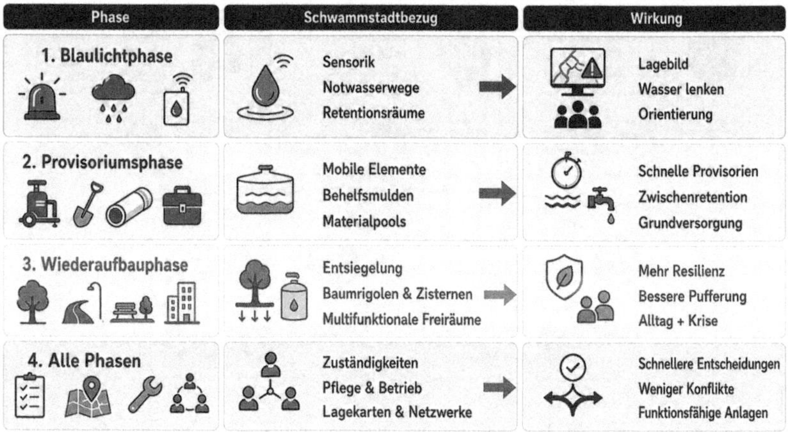

Abb. 3.15 Doppelter SOWIESO-Effekt einer zentralen Schwammstadtplanung (erstellt mit KI)

Katastrophenmanagements. Gleichzeitig gewinnen auch die Schwammlösungen an Akzeptanz, da das integrierte Katastrophenmanagement einen besonderen Mehrwert stiftet. Aus einer sektoralen Wasser- und Klimaanpassungsmaßnahme wird damit eine ressortübergreifende Resilienzplattform, die als Ausgangspunkt für die in Abschn. 4.3 beschriebenen Multi-Transformationen dienen kann.

Literatur

Becker, M., & Quelle, G. (2024). *Und dann fällt der Strom aus … Erkenntnisse für Bürgermeister und Landräte aus der Flutkatastrophe im Ahrtal*. Mentoren-Media-Verlag.

Buck, G., Brinkmann, M. (2019). 1. Das Vorverständnis als Voraussetzung allen Lehrens. In: Brinkmann, M. (eds) Lernen und Erfahrung. Epagogik. Phänomenologische Erziehungswissenschaft, vol 5. Springer VS, Wiesbaden. https://doi.org/10.1007/978-3-658-17098-1_16

Collins, R. A., & Carpenter, C. (2020). Formal and informal learning transfer in the workplace. *Technikfolgenabschätzung – Theorie und Praxis*, 29–38.

Dethloff, C. (2004). *Akzeptanz und Nicht-Akzeptanz von technischen Produktinnovationen*. Pabst.

Dohm, M. (2018). Was kommt nach der Wissensgesellschaft? Kompetenzmodelle in der Digitalisierung. *Industrie 4.0 – Magazin*.

Druyen, T. (2018). Die Zukunft ist das Vermächtnis der Veränderung: Die Vermächtnisstudie als Ausgangspunkt. In T. Druyen (Hrsg.), *Die ultimative Herausforderung – über die Veränderungsfähigkeit der Deutschen* (S. 7–25). Springer.

Duttenhöfer, S. (2018). Ausblick: Individuelle Zukunftsnavigation für den rasanten Wandel. In T. Druyen (Hrsg.), *Die ultimative Herausforderung – über die Veränderungsfähigkeit der Deutschen* (S. 65–99). Springer.

Ehrlenspiel, K., Kiewert, A., Lindemann, U., & Mörtl, M. (2026). *Kostengünstig entwickeln und konstruieren: Kostenmanagement bei der integrierten Produktentwicklung*. Springer.

Ershad Sarabi, S., Han, Q., Romme, A. G. L., de Vries, B., & Wendling, L. (2019). Key enablers of and barriers to the uptake and implementation of nature-based solutions in urban settings: A review. *Resources*, *8*(3), 121. https://doi.org/10.3390/resources8030121

Georgy, U. (2025). Von der Wissensvermittlung zur Lernbegleitung: Neue Rollen der Lehrenden in der wissenschaftlichen Weiterbildung im Zeitalter KI-gestützter Lernumgebungen. *Bibliotheksdienst*, *59* (10–12), 518–546.

Haider, S., Jencio-Stricker, E., & Schwanda, A. (2023). Der Wissenserwerb. In S. Haider, E. Jencio-Stricker, & A. Schwanda, *Autismus und Schule: Inklusive Unterrichtsorganisation, Nachteilsausgleich und Wissenserwerb* (S. 237–346). Springer.

Hauschildt, J., Salomo, S., Schultz, C., & Kock, A. (2023). *Innovationsmanagement* (7. Aufl.). Vahlen.

Hohmann, C., et al. (2025). Breaking out of the silo: Collaborative approaches to implementing blue-green infrastructure in urban areas. *Blue-Green Systems*, *7*(1), 95–109. https://doi.org/10.2166/bgs.2025.039

HST. (2026a). HST Systemtechnik GmbH & Co. KG. *Wirkweise IntelliScreen*. https://hst.de/wirkweise-intelliscreen/

HST Systemtechnik GmbH & Co. KG. (o. J.-b). *Systembild InSchuKa4.0* [unveröffentlichte Abbildung].

HST. (2026b). HST Systemtechnik GmbH & Co. KG. *HSR-Rechen – SMART Machine*. https://hst.de/hst_products/hsr-rechen/

inwa. (2026a). Institut für nachhaltige Wassersysteme. *Projekt KanaBent*. https://inwa.hof--university.de/projekt/kanabent/

inwa (2026b). Institut für nachhaltige Wassersysteme. (o. J.-b). *Projekt Schwammstadt*. https://inwa.hof-university.de/projekt/schwammstadt/

Ismail, A., Foboy, N., Abu Bakar, R., Nor, N., & Rosnan, H. (2015). Training motivation as mediator of the relationship between training administration and training transfer. *Jurnal Pengurusan*, 97–106.

Kalusche, W. (2016). *Projektmanagement für Bauherren und Planer* (4. Aufl.). De Gruyter Oldenbourg.

Kirchner, S. (2017). Digitalisierung: Reorganisieren ohne Organisation? In M. Apelt, I. Bode, V. von Groddeck, R. Hasse, U. Meyer, M. Wilkesmann, & A. Windeler (Hrsg.), *Handbuch Organisationssoziologie*. Springer.

Lazarová, M., & Gažová, D. (2017). Smart water management: Innovation within tradition. *Centre of Excellence for the Development of Settlement*.

Müller-Czygan, G. (2018). *Empirische Untersuchung zur Bedeutung von Lerntransfer- und Umsetzungsfaktoren im Digitalisierungsvorhaben „KOMMUNAL 4.0" unter besonderer Beachtung der Wechselwirkungen von Technik und Veränderungsmanagement*. FOM.

Müller-Czygan, G. (2020a). *Schlussbericht Teilvorhaben HST Systemtechnik KOMMUNAL 4.0*. HST Systemtechnik GmbH & Co. KG.

Müller-Czygan, G. (2020b). Smart Water: How to master the future challenges of water management. In *Resources of Water*. IntechOpen. https://doi.org/10.5772/intechopen.90644

Müller-Czygan, G. (2021). Industrie 4.0 in der Wasserwirtschaft. In P. Dortans (Hrsg.), *Innovation Race – Wegweisende Prinzipien für das Management von FuE-Projekten* (S. 160–177). Murmann.

Müller-Czygan, G. (2023). Eine Baumrigole macht noch keine Schwammstadt. wwt Modernisierungsreport 2023/24, S. 61–67.

Müller-Czygan, G. (2026). *Smart-Water-Cost-Benefit-System: Entwicklung einer Kosten-/Nutzen-Systematik zur Bewertung von Digitalisierungslösungen in der Wasserwirtschaft* [Dissertation, TU Berlin].

Müller-Czygan, G., & Stolz, A. (2018). Digitalisierung von Entlastungsschwellen. *Automation Blue*, 45–48.

Müller-Czygan, G., Tarasyuk, V., Wagner, C., & Wimmer, M. (2022a). Die deutschsprachige Wasserwirtschaft im Jahr 2020/21: Metastudie „WaterExe4.0" zeigt Erfolgsfaktoren und Erwartungen für die digitale Zukunft auf. *Österreichische Wasser- und Abfallwirtschaft.*

Müller-Czygan, G., Tarasyuk, V., Wagner, C., & Wimmer, M. (2022b). WaterExe4.0: Nachhaltigkeit und Sowieso-Strategie als Schlüsselfaktoren für erfolgreiche Digitalisierungsprojekte. *KA Korrespondenz Abwasser, Abfall*, *69*(4), 295–302.

Müller-Czygan, G., Wimmer, M., Frank, J., Schmidt, M., & Tarasyuk, V. (2023). Mindset changes for dealing with complex climate impacts: Experiences with a tool from courses on digitalization and climate-adapted urban development. *Annals of Social Science & Management Studies*, *9*(5), 555771. https://doi.org/10.19080/ASM.2023.09.55577

Müller-Czygan, G.; Tarasyuk, V.; Wiese, J.; Oeltze, H.; Simancas Suarez, J. A.; Bohatsch, M.; Wiese, T.; Frigger, U.; Schmitz, T.; Köllner, R.; Laslop, K.; Trommer, A. (2026). InSchuKa4.0 – Kombinierter Infrastruktur- und Umweltschutz durch KI-basierte Kanalnetzbewirtschaftung. Korrespondenz Wasserwirtschaft, 1/2026, S. 26–31; DOI: https://doi.org/10.3243/kwe2026.01.003

Mundackal, J. R. (2023). *Study on the importance of green buildings focussing on stormwater management using a water balance calculation model* [Master's thesis, Hochschule Hof]. https://opus4.kobv.de/opus4-hof/frontdoor/deliver/index/docId/179/file/Master_thesis_Jasmin_Rose_Mundackal.pdf

Nehren, U., Arce-Mojica, T., Cara Barrett, A., Cueto, J., Doswald, N., Janzen, S., Lange, W., Ortiz Vargas, A., Pirazan-Palomar, L., Renaud, F. G., Sandholz, S., Sebesvari, Z., Sudmeier-Rieux, K., & Walz, Y. (2023). Towards a typology of nature-based solutions for disaster risk reduction. *Nature-Based Solutions*, *3*, 100057. https://doi.org/10.1016/j.nbsj.2023.100057

Novak, L., Kabelková, I., Hora, D., & Stránský, D. (2023). Optimization of a tree pit as a blue–green infrastructure object. *Sustainability*, *15*(22), 15731. https://doi.org/10.3390/su152215731

Ommer, J., Bucchignani, E., Leo, L. S., Kalas, M., Vranić, S., Debele, S., Kumar, P., Cloke, H. L., & Di Sabatino, S. (2022). Quantifying co-benefits and disbenefits of nature-based solutions targeting disaster risk reduction. *International Journal of Disaster Risk Reduction*, *75*, 102966. https://doi.org/10.1016/j.ijdrr.2022.102966

Renn, O. (2005). Technikakzeptanz: Lehren und Rückschlüsse der Akzeptanzforschung für die Bewältigung des technischen Wandels. *TaTuP – Zeitschrift für Technikfolgenabschätzung in Theorie und Praxis*, 29–38.

Sadegh Koohestani, S., Mukheibir, P., Wakefield-Rann, R., & Santamouris, M. (2025). Adopting a socio-technical perspective on the challenges and barriers in transitioning to blue-green infrastructure (BGI). *Blue-Green Systems, 7*(1), 79–94. https://doi.org/10.2166/bgs.2025.011

Tarasyuk, V., Müller-Czygan, G., Oeltze, H., Wiese, T., Schmitz, T., Frigger, U., Große, F., & Trommer, A. (2026). Verbundprojekt InSchuKa4.0: Kombinierter Infrastruktur- und Umwelt-Schutz durch KI-basierte Kanalnetzbewirtschaftung: Fördermaßnahme: Wasser-Extremereignisse. Technische Informationsbibliothek. doi:https://doi.org/10.34657/34810

Winker, M., Deffner, J., Rohrbach, M., Schramm, E., & Stein, M. (2022). Enhancing blue-green infrastructure in German cities with the involvement of urban society: Insights from Frankfurt/Main and Stuttgart. *Blue-Green Systems, 4*(2), 230–246. https://doi.org/10.2166/bgs.2022.017

Ziefle, M. (2013). Ungewissheit und Unsicherheit bei der Einführung neuer Technologien. In *Exploring Uncertainty* (S. 83–104). Springer Gabler.

Zoschke, S. (2026, 6. Juni). Besonders der Osten Deutschlands ist gefährdet. *FAZ*. https://www.faz.net/aktuell/rhein-main/frankfurt/warum-der-klimawandel-die-schwaechsten-am-haertesten-trifft-accg-200879687.html

Politische Dimensionen der SOWIESO-Strategie

4

4.1 Die politische und verwaltungsinterne Realität

„Nicht die inhaltliche Kraft eines Arguments bestimmt die Politik, sondern vielmehr, ob es in die aktuelle Stimmungslage passt". So beschreibt Uwe Schneidewind (2026), ehemaliger Oberbürgermeister von Wuppertal, die Politik in modernen Demokratien. Das steht auf den ersten Blick diametral zu den vorwiegend konzeptionellen und methodisch geprägten Transformationsempfehlungen der Wissenschaft, um Städte und Kommunen zukunftsfest zu machen. Zwar berücksichtigen viele Forschende zunehmend sozio-technische Aspekte, dies aber vorwiegend abstrakt in Begrifflichkeiten wie Partizipation, Governance, Akzeptanz, Werte/Normen, Kultur oder soziale Bewegungen (Li et al. 2024; Varzeshi et al. 2026; Yang et al. 2025; Yuan et al. 2024). Emotionen einzelner Akteure spielen in den Konzepten und Lösungsempfehlungen bislang nur eine untergeordnete oder keine Rolle. Dieses Dilemma wird verstärkt durch die zunehmende Aufgabenkomplexität, von der nicht nur Schneidewind (2026) berichtet. Baasch, Bauriedl, Hafner und Weidlich (2012) zeigten beispielsweise auf regionaler Ebene, dass Klimaanpassung als neue Querschnittsaufgabe eine intersektorale Integration und kollektive Konfliktlösung erfordert und zum zentralen Komplexitätstreiber wird. Aber nicht nur die Klimaanpassung stellt Kommunen und Städte vor enorme und neue Anforderungen, auch die Digitalisierung führt zu erheblichen Koordinationsherausforderungen in der Kommunalverwaltung, wie dies in Abschn. 2.1 bereits dargestellt und von Kuder und Manteuffel (2024) am Beispiel der Stadt Ludwigs-

G. Müller-Czygan, *Wirksam Innovationen umsetzen: Die SOWIESO-Strategie*, essentials,
https://doi.org/10.1007/978-3-658-52922-2_4

burg aufgezeigt wurde. Dramatisch ist es für die motivierten Mitarbeitenden, die etwas bewegen wollen, dass sie in der komplexen Verflechtung von steigenden Vorschriften (Röhl 2025), finanziellen Einschränkungen und personellen Engpässen (Müller-Czygan 2026) kaum in der Lage sind, neuen Themen anzugehen und wirksame Lösungen umzusetzen. Während für eine wirksame Transformation größere Ermessensspielräume und zugehörige Experimentierfelder nötig wären, beschränken sich Mitarbeitende in Situationen von Komplexität und Überforderung zuallererst auf eine ordnungs- und rechtskonforme Abarbeitung von Prozessen. Komplexe und transformative Situationen erfordern häufig neue Wege, für die es bislang keine vorgefertigten Prozesse gibt, und deren Regelkonformität nicht eindeutig geklärt ist. So ist es aus Sicht der Verwaltungslogik besser, dass nichts (neues) passiert als etwas möglicherweise Ordnungswidriges (Schneidewind 2026). Vor diesem Hintergrund werden innovative oder andere als bislang angewandte Lösungen als Zusatzaufwand oder sogar Gefahr zum Normalalltag angesehen, was vor dem Hintergrund des auch die Kommunalverwaltung betreffenden Fachkräftemangels selbst für engagierte und motivierte Mitarbeitende eine zusätzliche Bürde darstellt (Geißler 2024).

4.2 Wie SOWIESO-Projekte Verwaltungsalltag und Transformationsvorhaben verbinden können

Was hat die Darstellung der politischen Realität mit einem wirksamen Transfer von Forschungsinnovationen in die Praxis zu tun? Vor dem Hintergrund der öffentlichen Infrastruktur am Beispiel der Wasserwirtschaft: Alles! An welchen Stellen SOWIESO-Projekte im Verwaltungsalltag und bei politischen Entscheidungen unterstützend oder entlastend wirken können, soll exemplarisch anhand der verschiedenen Themenfelder gezeigt werden, die Wuppertals ehemaliger Oberbürgermeister Uwe Schneidewind (2026) in seinem Buch „Dienstschluss Herausforderung Kommunalpolitik" beschreibt und die zum Teil bereits angesprochen wurden. Dazu gibt Tab. 4.1 die zugehörige Übersicht.

Tab. 4.1 SOWIESO-Projekte im Verwaltungsalltag zur Unterstützung und Entlastung politischer Entscheidungen auf Basis von Schneidewind (2026)

Themenfeld	Beschreibung	Wirkung SOWIESO-Projekt
Fehlende Fehlerkultur	• Fehlerkultur = Basis für Lernen u. Komplexitätsbewältigung • Braucht Vertrauen von Politik/Spitze, meist fehlend	• Begrenzt Fehlerfolgen, Grundfunktion bleibt • Geringes, kontrolliertes Risiko; hoher Lerneffekt
Dilemma der politischen Führung	• Zielkonflikt: Verwaltung führen/Mehrheiten/Repräsentation	• Akute Probleme mit Innovationspotenzial wählen • Verbindet alle drei Rollen; entlastet Führung • Vorauswahl via Mehrebenenanalyse
Kümmerer „verkümmern"	• Motivierte ohne Teilhabe bei gescheiterten Vorhaben	• Binden Motivierte im Arbeitsalltag ein, bereiten große Transformation vor
Transformationskomplexität überfordert Rat	• Rat entscheidet, durchdringt Komplexität nicht, scheut Entscheidung	• Stellvertreterprojekte, mehrstufig • Rat erfasst Kernaspekte vor Gesamtentscheidung
Fehlendes Vertrauen für komplexe Vorhaben	• Langfristige Vorhaben brauchen lager-/abteilungsübergreifendes Vertrauen • Unerfüllte Kurzzeitziele zerstören es	• Scheitern nie komplett; Vertrauen bleibt, im Erfolg gestärkt
Vision der Führung suspekt	• Vision nötig, aber Angriffsfläche; Mitarbeitende fürchten Ideenverzicht	• Stärken Vision ohne Überhöhung, mehr Akzeptanz
„Insel des Gelingens"	• Erfolge oft als „Inseln des Gelingens" (dezentral, außerhalb Verwaltung) • Viele kleine bewirken die große Veränderung	• Gezielt als „Inseln des Gelingens" einsetzbar • Viele kleine dezentrale Projekte bewirken Größeres
Modell „GCM – Garbage Can" (Mülleimer)	• Probleme/Lösungen/Akteure/Situationen ungeordnet • Dynamik bremst Entscheidungen, bietet aber Möglichkeitsräume	• finden ohnehin statt; schaffen Struktur u. Transparenz • Mit Mehrebenenanalyse „Mülleimer" aufräumen

(Fortsetzung)

Tab. 4.1 (Fortsetzung)

Themenfeld	Beschreibung	Wirkung SOWIESO-Projekt
Konkreter Nutzen vs. abstrakte Zukunftseffekte	• Ziele lokal umsetzen; ohne konkreten Nutzen keine Akzeptanz • Bsp.: Aufenthaltsqualität besser als abstrakte CO_2-Ziele	• Klar definierter Nutzen; Innovation erhöht ihn und stützt abstrakte Ziele
Verwaltungspartisanen vs. Verwaltungsguerilla	• „Partisanen": blockieren via Zuständigkeit/Recht • „Guerilla": sucht darin Freiräume für Innovation	• Erfüllen Ziele beider; sichere Rahmen + Ermessensspielraum • Kooperation in Schnittmengen
Urbane Akupunkturpunkte	• Stadtwandel über „Urbane Akupunkturpunkte" • Gezielte Stiche lösen systemische Kettenreaktion aus	• Gezielt als Akupunkturpunkte; keine Überzeugungsarbeit nötig; schon klein wirksam
Stimmungs-abhängige Einzelanliegen vs. nüchterne Zukunftsstrategien	• Individuelle Anliegen u. ständiger Stimmungswechsel erschweren strategischen Fokus	• Verbinden individuelle Ziele u. Strategie in kontrollierbarem Rahmen
Leitbilder oft zu abstrakt	• Leitbilder stiften Sinn/ Orientierung, sind aber meist abstrakt u. alltagsfern	• Als Vorstufe werden konkrete (Sub-)Leitbilder mit greifbarer Orientierung geschaffen

4.3 Nächstes Level – Synergien aus SOWIESO-Transformationen erzeugen Multi-Transformationen

Die vorangegangenen Abschnitte haben zwei Dinge gezeigt. Abschn. 4.1 hat dargelegt, warum komplexe Transformationsvorhaben im kommunalen Umfeld so häufig ins Stocken geraten. Überfordernde Komplexität, das Führungsdilemma der Verwaltungsspitze, eine fehlende Fehlerkultur und die Gefahr einer Veränderungsmüdigkeit lassen Akteure auf das vertraute „Business as usual" zurückfallen. Abschn. 4.2 hat demgegenüber gezeigt, dass SOWIESO-Projekte genau an diesen Stellen entlastend wirken können, weil sie Innovation an den ohnehin stattfindenden Verwaltungsalltag koppeln und so politische, organisatorische und psychologische Hürden absenken. Werden beide Linien zusammengeführt, beschreibt dies das nächste Wirkungsniveau der Strategie. Es geht um den Übergang von einzelnen SOWIESO-Projekten zu gekoppelten SOWIESO-Transformationen, aus denen heraus mehrere Transformationsziele gleichzeitig vorangetrieben werden können. Diese kann als Multi-Transformationen bezeichnet werden, und je nach Gestaltung das bereits vorgestellte Niveau der Kopplung von Schwammstadt und Katastrophenschutz gemäß Abschn. 3.4.3 übersteigen.

Kommunen stehen heute nicht vor einer einzigen, sondern vor zahlreichen parallelen Transformationsaufgaben. Klimaanpassung, Digitalisierung, Energiewende, Mobilitätswende und demografischer Wandel verlangen gleichzeitig Aufmerksamkeit, Personal und Finanzmittel. Werden diese Aufgaben jeweils als eigenständige Großvorhaben angegangen, konkurrieren sie um dieselben knappen Ressourcen und verstärken Überlastung und Veränderungsmüdigkeit. Die Multi-Transformation hat das Ziel einer entgegengesetzten Logik. Statt jede Transformation getrennt zu organisieren, wird ein ohnehin anstehender Anknüpfungspunkt so gewählt und gestaltet, dass er mehreren Transformationszielen zugleich dient. Das Muster hierfür wurde in Abschn. 3.4.3 bereits an einem konkreten Fall entwickelt. Eine ohnehin betriebene Schwammstadtplanung erzeugt ohne überfordernden Mehraufwand zugleich wesentliche Voraussetzungen für einen wirksamen Bevölkerungs- und Katastrophenschutz. Dieselbe ressortübergreifende Organisationsstruktur, dasselbe räumliche Lagebild, dieselben Beteiligungs- und Kommunikationskanäle sowie dieselbe Sensorik dienen beiden Zwecken. Aus einer sektoralen Wasser- und Klimaanpassungsmaßnahme wird so eine ressortübergreifende Resilienzplattform. Dieser dort beschriebene „doppelte SOWIESO-Effekt" ist der Kern jeder Multi-Transformation. Ein einziges, sowieso stattfindendes Vorhaben trägt nicht nur eine, sondern mehrere Transformationen gleichzeitig und stiftet dadurch einen Mehrfachnutzen, der die Akzeptanz aller beteiligten Ziele erhöht. Damit aus einem solchen Einzelfall eine kommunenweite Multi-Transformation wird, greifen die in den Abschn. 4.1 und 4.2 beschriebenen Wirkmechanismen ineinander. Weil SOWIESO-Projekte weitestgehend risikoarm an den Arbeitsalltag gekoppelt und damit gut vermittelbar sind, lassen sie sich vielfach, dezentral und ohne überfordernden Kraftakt starten. Sie wirken als die von Schneidwind (2026) erwähnten „Inseln des Gelingens". Entscheidend ist, diese Inseln nicht isoliert zu betreiben, sondern sie bewusst zu vernetzen, und zwar über eine gemeinsame Daten- und Lagebildbasis, eine anschlussfähige Organisations- und Stabsstruktur sowie ein systematisches Synergie-Mapping, für das die Hofer Mehrebenenanalyse ein geeignetes Werkzeug bereitstellt. So fügen sich viele kleine, mehrfach nutzbare Schritte zu einer übergeordneten, sich gegenseitig stützenden Gesamtwirkung zusammen, die keine der Einzeltransformationen für sich allein erreichen würde (Abb. 4.1). Voraussetzung sind ein ausdrückliches Mandat,

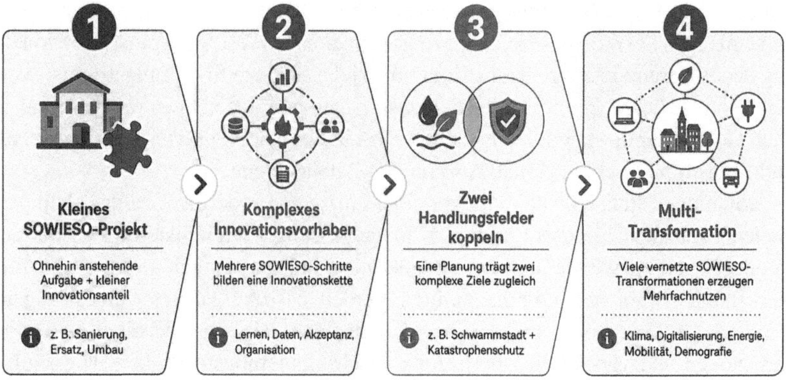

Abb. 4.1 Struktur von Multitransformationen (erstellt mit KI)

eine koordinierende Stelle sowie eine sorgfältige Taktung der Schritte, die ausreichende Stabilisierungsphasen vorsieht. Werden diese Bedingungen erfüllt, verschiebt sich die Wirkung der SOWIESO-Strategie von der einzelnen Innovation hin zu einer ressortübergreifenden Erneuerung der Kommune in kleinen, anschlussfähigen und mehrfach genutzten Schritten.

Literatur

Baasch, S., Bauriedl, S., Hafner, S., & Weidlich, S. (2012). Klimaanpassung auf regionaler Ebene: Herausforderungen einer regionalen Klimawandel-Governance. *Raumforschung und Raumordnung, 70*(3), 191–201. https://doi.org/10.1007/s13147-012-0155-1

Cohen, M. D., March, J. G., & Olsen, J. P. (1972). A garbage can model of organizational choice. *Administrative Science Quarterly, 17*(1), 1–25.

Geißler, R. (2024). Ursachen, Folgen und Maßnahmen des Fachkräftemangels in der Kommunalverwaltung. *Verwaltung und Management, 30*(5), 227–235. https://doi.org/10.5771/0947-9856-2024-5-227

Kuder, T., & Manteuffel, B. (2024). Koordinationsherausforderungen der Digitalisierung in der Kommunalverwaltung – Eine empirische Exploration am Beispiel der Stadt Ludwigsburg. *dms – der moderne staat – Zeitschrift für Public Policy, Recht und Management, 17*(1), 148–175. https://doi.org/10.3224/dms.v17i1.08

Li, Y., Beeton, R. J. S., Zhao, X., Fan, Y., Yang, Q., Li, J., & Ding, L. (2024). Advancing urban sustainability transitions: A framework for understanding urban complexity and enhancing integrative transformations. *Humanities and Social Sciences Communications, 11*, Artikel 1064. https://doi.org/10.1057/s41599-024-03598-x

Müller-Czygan, G. (2026). Smart-Water-Cost-Benefit-System: Entwicklung einer Kosten-/ Nutzen-Systematik zur Bewertung von Digitalisierungslösungen in der Wasserwirtschaft [Dissertation, TU Berlin].

Röhl, K. H. (2025). Bürokratieabbau: Die deutsche Wirtschaft im Spannungsfeld zwischen zunehmender Regelungsdichte und politischem Aktionismus. Zeitschrift für Politikwissenschaft, 35(3), 517–525.

Schneidewind, Uwe (2026). *Dienstschluss: Herausforderung Kommunalpolitik*. Berlin: Verlag Klaus Wagenbach.

Varzeshi, S., Fien, J., & Irajifar, L. (2026). Integrating smart city technologies and urban resilience: A systematic review and research agenda for urban planning and design. *Smart Cities, 9*(1), Artikel 2. https://doi.org/10.3390/smartcities9010002

Yang, J., Yu, W., Baklanov, A., He, B., & Ge, Q. (2025). Mainstreaming the local climate zone framework for climate-resilient cities. *Nature Communications, 16*, Artikel 5705. https://doi.org/10.1038/s41467-025-61394-w

Yuan, Y., Zheng, Y., Huang, X., & Zhai, J. (2024). Climate resilience of urban water systems: A case study of sponge cities in China. *Journal of Cleaner Production, 451*, Artikel 141781. https://doi.org/10.1016/j.jclepro.2024.141781

Leitfaden SOWIESO-Strategie

5

Kap. 2 bis 4 haben gezeigt, dass Innovationen in kommunalen Infrastrukturen häufig nicht an fehlender Technik scheitern, sondern an einer fehlenden Anschlussfähigkeit an den Arbeitsalltag. Die SOWIESO-Strategie setzt hier an, indem sie Innovationen nicht als isolierte Zusatzprojekte versteht, sondern an Maßnahmen koppelt, die ohnehin geplant, finanziert, genehmigt oder betrieblich notwendig sind. Nach dem Grundprinzip „80 % bekannt, 20 % neu" bleibt der vertraute Teil dominant, während ein begrenzter, aber wirksamer und für ein übergeordnetes Konzept repräsentativer Innovationsanteil Lernen, Akzeptanz und Weiterentwicklung ermöglicht. So entstehen frühe Erfahrungen und konkrete Nutzenbelege und die notwendige Lernkurve zur besseren Beeinflussung der Kostenkurve in Innovationsprojekten steigt frühzeitig. Politisch und verwaltungspraktisch bietet die Strategie einen Weg, Transformation in kleinen, anschlussfähigen Schritten umzusetzen. Sie schafft überschaubare Experimentierräume, stärkt Kümmerer und lokale Verantwortung, macht Innovation vermittelbar und verbindet konkrete Aufgaben mit langfristigen Transformationszielen. Innovation gelingt eher, wenn sie nicht als Bruch mit dem Bestehenden eingeführt wird, sondern als sinnvolle Integration in der zielführenden Verknüpfung mit ohnehin stattfindenden Aufgaben, Prozessen und Investitionen. Wie die Anwendung der SOWIESO-Strategie erfolgreich gelingen kann, zeigt nachfolgend empfohlene Vorgehensweise.

▶ **Schritt 1: Komplexes Innovationsziel definieren** Am Anfang steht im Regelfall eine übergeordnete Innovationsperspektive. Welche größere Veränderung soll langfristig erreicht werden?

G. Müller-Czygan, *Wirksam Innovationen umsetzen: Die SOWIESO-Strategie*, essentials,
https://doi.org/10.1007/978-3-658-52922-2_5

Leitfragen

- Welche komplexe Innovation soll die gewünschte Veränderung unterstützen bzw. ermöglichen?
- Welche Funktionen, Daten, Kompetenzen und Organisationsveränderungen werden dafür später benötigt?

Schritt 2: SOWIESO-Anlass aus dem Zielsystem ableiten Ein geeignetes SOWIESO-Projekt wird nicht beliebig gewählt. Es muss sowohl zur ohnehin anstehenden Aufgabe passen als auch einen klaren Beitrag zum übergeordneten Innovationsziel leisten. Es ist also nicht nur ein pragmatischer Einstieg, sondern ein strategisch ausgewählter Einstiegspunkt. Geeignet sind Vorhaben, die ohnehin notwendig sind und zugleich Lern-, Daten-, Technik- oder Organisationsbausteine für die größere Innovation liefern. Ein intelligenter Horizontalstabrechen kann beispielsweise ein erster Baustein für Sensorik, Datenkommunikation, Betriebsoptimierung, Prognose und automatisierte Entscheidungsunterstützung im Kanalnetzmanagement sein.

Leitfragen

- Welche Aufgabe, Sanierung, Ersatzbeschaffung oder Modernisierung steht ohnehin an und kann als SOWIESO-Projekt als erster konkreter Einstieg in das größere Zielsystem dienen?
- Welche Elemente des großen Innovationsziels sind im SOWIESO-Projekt enthalten und können im kleinen Projekt bereits erfahren und erprobt werden?

Schritt 3: 80/20 – Innovationsanteil begrenzen, aber Zielanschluss sichern Der Innovationsanteil bleibt bewusst überschaubar. Die 80/20-Logik ist anzuwenden. Der überwiegende Teil des Vorhabens ist bekannt, genehmigungsfähig und betrieblich notwendig. Der Innovationsanteil ergänzt und verbessert die Maßnahme, und enthält bereits wesentliche (Lern)Elemente des späteren Gesamtzielsystems.

Die 80/20-Begrenzung dient nicht nur der Genehmigungs- und Finanzierungsfähigkeit, sondern hält auch die Veränderungsbelastung der Mitarbeitenden gering und beugt so der Veränderungsmüdigkeit vor.

Leitfragen

- Welche 20 % Innovation sind für diesen Schritt sinnvoll und verbessern die SOWIESO-Maßnahme?
- Welche spätere Funktion des Gesamtzielsystems wird damit vorbereitet?
- Entstehen Daten, Erfahrungen oder Kompetenzen, die später weiterverwendet werden können?
- Ist die Lösung skalierbar oder zumindest anschlussfähig an das Gesamtzielsystem?
- Verhindert das Teilprojekt spätere Entwicklungen oder öffnet es neue Optionen?
- Bleibt der Lern- und Veränderungsaufwand für die Betroffenen im verträglichen Rahmen?

Schritt 4: Arbeitsalltag und Zielbild miteinander verbinden Die Innovation muss im Arbeitsalltag funktionieren und zugleich auf das Gesamtzielsystem einzahlen. Anwendende sollen nicht nur verstehen, wie das konkrete Teilprojekt ihre Arbeit kurz- oder mittelfristig erleichtert, sondern auch, warum dieser Schritt Teil einer größeren Entwicklung ist. Dadurch entsteht Akzeptanz nicht nur für die Einzellösung, sondern auch für den gesamten Innovationspfad des Gesamtzielsystems. Der individuelle Alltagsmehrwert der Anwendenden ist zu ermitteln und muss zumindest teilweise erfüllt werden.

Schritt 5: Mehrwert auf zwei Ebenen beschreiben Der Nutzen eines SOWIESO-Projekts sollte immer doppelt formuliert werden, und zwar als unmittelbarer Nutzen für das konkrete Vorhaben und als strategischer Nutzen für das übergeordnete Gesamtzielsystem.

Beispiel Horizontalstabrechen

- kurzfristig: bessere Rechensteuerung, weniger Betriebsaufwand, mehr Transparenz am Bauwerk;
- langfristig: (Lern)Muster für Daten- und Steuerungsbaustein von Einzelobjekten als Teil eines komplexes Kanalnetzmanagement.

Schritt 6: Komplexität des Gesamtzielsystems sichtbar machen Auch wenn das SOWIESO-Projekt klein beginnt, muss das größere Gesamtzielsystem mitgedacht werden. Dazu gehören technische, organisatorische, personelle, rechtliche, finanzielle und räumliche Wechselwirkungen. Die Verwendung der Mehrebenenanalyse kann helfen, diese Zusammenhänge sichtbar zu machen, ohne das Einstiegsprojekt zu überfrachten. Gesamtziel und SOWIESO-Projekt werden im Idealfall zusammen entwickelt, können aber auch zeitlich getrennt bearbeitet werden, solange eine Abstimmung aufeinander erfolgt.

▶ **Schritt 7: Akteure entlang des Innovationspfades einbinden** Es reicht nicht, nur die Akteure des kleinen Teilprojekts einzubeziehen. Zusätzlich müssen diejenigen berücksichtigt werden, die später für das größere Gesamtzielsystem relevant sind. Beim Kanalnetzmanagement wären das beispielsweise Betriebspersonal, Kanalnetzverantwortliche, Kläranlage, IT, Leittechnik, Verwaltung, Gewässer-/Starkregenmanagement und ggf. politische Entscheider.

▶ **Schritt 8: Risiko im Teilprojekt begrenzen, Lerngewinn für das Gesamtsystem maximieren** Das SOWIESO-Projekt soll risikoarm bleiben, aber ermöglichen, viel über das spätere Gesamtzielsystem zu lernen. Selbst wenn der Innovationsanteil nicht vollständig gelingt, sollte ausreichend Erkenntnis darüber entstehen, welche technischen, organisatorischen oder personellen Voraussetzungen für das Gesamtzielsystem nötig sind.

▶ **Schritt 9: Lernkurve bewusst auf das Zielsystem beziehen** Die Auswertung des SOWIESO-Projekts darf sich nicht nur auf die Einzellösung beziehen. Entscheidend ist, was daraus für den nächsten Innovationsschritt gelernt werden kann. Jede Erfahrung wird daraufhin geprüft, ob sie das übergeordnete Gesamtzielsystem bestätigt, verändert oder konkretisiert.

▶ **Leitfragen**

- Was wurde über Technik, Daten und Schnittstellen gelernt?
- Welche Kompetenzen fehlen noch?
- Welche organisatorischen Anpassungen werden sichtbar?
- Welche weiteren SOWIESO-Projekte bieten sich als nächste Schritte an?
- Muss das übergeordnete Gesamtzielsystem angepasst werden?

▶ **Schritt 10: Das SOWIESO-Projekt zur Innovationskette weiterentwickeln** Eine erfolgreiche SOWIESO-Strategie endet nicht mit dem ersten Projekt. Sie entwickelt eine Kette anschlussfähiger Teilprojekte, die schrittweise zum komplexen Gesamtzielsystem führen. Jedes Projekt ist zugleich praktische Verbesserung, Lernschritt und Vorbereitung des nächsten Ausbaus. Es ist sicherzustellen, dass die Abfolge der SOWIESO-Projekte so getaktet wird, dass zwischen den Schritten Stabilisierungs- und Erholungsphasen bleiben (Vermeidung von Veränderungsmüdigkeit).

Werden alle 10 Schritte beachtet, bleibt die SOWIESO-Strategie nicht im kleinen Projekt hängen, sondern verbindet pragmatische Umsetzung mit strategischer Innovationsentwicklung inkl. des erforderlichen Verschiebens der Lernkurve. Voraussetzung bleibt eine bewusste Taktung der Schritte mit ausreichenden Stabilisierungsphasen, damit die Innovationskette das destabilisierende Phänomen der Veränderungshäufigkeit nicht selbst zum negativen Treiber werden lässt.

Was Sie aus diesem *essential* mitnehmen können

- Innovationen scheitern selten an der Technik, sondern in erster Linie an fehlender Alltagsintegration und an einem fehlenden, konkret erfahrbaren Mehrwert für Anwendende.
- Die SOWIESO-Strategie koppelt Innovationen an ohnehin geplante, finanzierte oder genehmigte Vorhaben des Arbeitsalltags. Nach der 80/20-Faustformel bleibt der vertraute Anteil dominant und senkt Risiko, Lernaufwand und Widerstände.
- Eine früh und steil ansteigende Lernkurve im SOWIESO-Projekt entschärft das sogenannte Kostenbeeinflussungsdilemma und verbessert die Wirtschaftlichkeit späterer Innovationsvorhaben.
- Die Hofer Mehrebenenanalyse hilft, SOWIESO-Potenziale systematisch zu identifizieren inkl. der Sicherstellung fachlicher Validierung.
- Ein einzelnes SOWIESO-Projekt kann mehrere Transformationsziele zugleich bedienen (z. B. Schwammstadt und Katastrophenschutz) und beugt durch eine begrenzte Veränderungsdosis einer Veränderungsmüdigkeit (Change Fatigue) vor.
- Politisch und verwaltungspraktisch macht die Strategie Transformation in kleinen, anschlussfähigen Schritten umsetzbar, stärkt Kümmerer und verbindet konkrete kommunale Aufgaben mit langfristigen Zielen.
- Der zehnstufige Leitfaden führt von der gemeinsamen Definition von Innovationsziel und SOWIESO-Projekt bis zur fortlaufenden Innovationskette.

G. Müller-Czygan, *Wirksam Innovationen umsetzen: Die SOWIESO-Strategie*, essentials, https://doi.org/10.1007/978-3-658-52922-2

GPSR Compliance

The European Union's (EU) General Product Safety Regulation (GPSR) is a set of rules that requires consumer products to be safe and our obligations to ensure this.

If you have any concerns about our products, you can contact us on ProductSafety@springernature.com

In case Publisher is established outside the EU, the EU authorized representative is:

Springer Nature Customer Service Center GmbH
Europaplatz 3
69115 Heidelberg, Germany

Batch number: 10564452

Printed by Printforce, the Netherlands